信息时代数字媒体艺术专业系列教材

网页设计技术

Webpage Design Technology

孙丽娜　编著

U0282357

北京邮电大学出版社
www.buptpress.com

内 容 简 介

本书是数字媒体艺术专业新媒体网络方向的专业教材，内容包括网页前端开发的基础技术：HTML、XHTML、HTML5、CSS2、CSS3、JavaScript 和 jQuery 等。通过细致的规则讲解和案例分析，为网页前端开发的基础技术进行了较为全面的讲解。本书的主要技术相关知识点配有相应的案例讲解，从应用细节进行了说明，使读者能够更好地接受和应用网页前端开发技术，开发设计出优秀的网页作品。

图书在版编目（CIP）数据

网页设计技术 / 孙丽娜编著. --北京：北京邮电大学出版社，2016.8
ISBN 978-7-5635-4813-2

Ⅰ. ①网… Ⅱ. ①孙… Ⅲ. ①网页制作工具 Ⅳ. ①TP393.092

中国版本图书馆 CIP 数据核字（2016）第 166150 号

书　　　　名：网页设计技术
著作责任者：孙丽娜　编著
责 任 编 辑：满志文
出 版 发 行：北京邮电大学出版社
社　　　　址：北京市海淀区西土城路 10 号（邮编：100876）
发　行　部：电话：010-62282185　传真：010-62283578
E-mail：publish@bupt.edu.cn
经　　　　销：各地新华书店
印　　　　刷：保定市中画美凯印刷有限公司
开　　　　本：787 mm×1 092 mm　1/16
印　　　　张：18.25
字　　　　数：471 千字
版　　　　次：2016 年 8 月第 1 版　2016 年 8 月第 1 次印刷

ISBN 978-7-5635-4813-2　　　　　　　　　　　　　　　　　　定　价：38.00 元

编　委　会

丛书总序

数字媒体产业是国家文化创意产业中的重要组成部分，为此，国家十分重视数字媒体教育与专业人才培养。据有关资料统计，截至 2011 年，全国共有 120 余所高校开设了数字媒体艺术专业。数字媒体艺术是一个新专业，它充分体现了 21 世纪数字化生存的细分与融合，体现了艺术与技术的完美结合。如今，美国的动作大片横扫全球，占据了票房的霸主地位，以迪士尼为代表的动画片吸引了数以亿计儿童的眼球；日本、韩国的游戏、动漫产业亦异彩纷呈、蒸蒸日上；处在高速发展中的中国数字媒体产业将上演怎样的精彩呢？

随着移动互联网在全球的蓬勃发展，中国的移动互联网用户数已领先全球，同时国内数字媒体教育正以突飞猛进之势在高速发展。北京邮电大学世纪学院倡导的数字媒体艺术教育依托信息与通信领域，在移动互联网平台上打造数字媒体特色教育，建设与培养从事数字动漫、游戏、影视、网络等数字媒体产品的艺术设计、编创与制作的高级应用型专门人才。

本系列教材编委会依据数字媒体艺术人才培养规律，不断改革创新，精心策划选题，严格筛选课程，准确定位方向。所选编的教材主要涉及动漫、游戏、影视、网络四个领域，重点针对全国各地开设数字媒体艺术专业的本科院校，提供了一套较为完备的、系统的、科学的专业教材。整套教材的主导思路是重视实践案例剖析，强调理论知识积累，教材十分关注数字媒体产业的发展趋势，努力建设特征鲜明的数字媒体艺术教育资源，重视创作理念、艺术技法、科技手段，倡导"理论指导实践、实践反馈于理论"的教学思想。

此次与北京邮电大学出版社合作，正是基于该社鲜明的出版特色，信息通信领域的广泛影响，期望在此基础上全面建设数字媒体艺术的系列教材，为信息产业增添新的特色，为数字媒体教育做出新的贡献。

本套系列丛书主要由北京邮电大学世纪学院数字媒体艺术专业教研团队倾力完成，从教材总体规划、落实选题、整理资料、作者编写、后期修订到编辑出版，凝聚了众多人的心血与热情。作为培养数字媒体艺术人才的一种尝试和探索，难免存在着这样或那样的不足，衷心希望能得到业内各位学者和专家的批评指正。

《信息时代数字媒体艺术专业系列教材》名誉顾问　李杰

前　言

随着信息技术的发展，互联网深入到日常生产生活当中，深刻影响着人们的生活，并引起生产方式的变革。随着"互联网＋"时代的来临，网站前端开发的各项技术越来越受到广大 IT 从业人员的重视。网页设计技术是 Web 前端开发的重要内容，Web 前端开发技术包括三个要素：HTML、CSS 和 JavaScript。Web 2.0 时代，Web 标准提出将网页的内容与表现分离；现如今，HTML5 和 CSS3 代表了下一代的 HTML 和 CSS 技术。沿着这样的发展趋势，Web 前端开发的含金量会越来越高，市场对 Web 前端开发人员的需求也应运而生。

本书从 Web 前端开发技术的三个要素着眼，立体地讲解了三个要素的内容，从基础的 HTML、XHTML 和 CSS 2 技术，到应用 JavaScript 和 jQuery 制作网页交互特效，再提高到 HTML5 和 CSS3，通过理论与案例分析相结合的方式，从基础讲解再逐步提高，循序渐进地讲解网页设计技术的相关知识。旨在为有意成为 Web 前端开发设计师的读者提供参考知识。用于教学时，教师应注重 Web 前端开发技术的实践性，有的放矢地增加实践比重，以磨练学生技能的熟练程度。该类知识的学习，仅有理论是不够的，需要应用于实践，才能体现其价值。

网页设计技术的技术性决定了它更加注重应用实践，本书对相应的知识点均提供了案例。然而，书籍容量有限，JavaScript 和 jQuery 的学习还应辅助其他学习资料，进一步系统学习；关于 HTML5 和 CSS3 的新增内容也受篇幅所限未能全面讲解。

本书主要面向数字媒体艺术新媒体网络专业方向的学生，内容易于理解和掌握，也可以为网页设计技术爱好者的学习提供指导和帮助。感谢本书写作过程中给予我帮助的领导、师长和同事，由于个人能力和学时所限，书中不足之处敬请各位读者批评指正。

编　者

目录
CONTENTS

第1篇

XHTML+CSS基础

在Web 1.0时代，表格（table）是网页设计语言中的主流定位方式，进入Web2.0时代，不再采用表格定位技术，而是采用所谓的XHTML+CSS或称DIV+CSS进行定位。XHTML+CSS是网站标准（或称"Web标准"）中常用的术语之一，通常为了说明与HTML网页设计语言中的表格定位方式的区别，因为XHTML网站设计标准中，是采用DIV+CSS的方式实现各种定位。XHTML+CSS网站标准是正在应用的Web标准，目前处于成熟阶段。

第 1 章
使用 XHTML 开发网页

在学习 XHTML 之前，下面先认识一下 HTML 的来龙去脉。

1.1 HTML 语言

1.1.1 什么是 HTML、XML、XHTML

人们习惯用 HTML 页面来称呼所有网页，其中 HTML 表示广义的标识语言，它包括 HTML 和 XHTML。HTML 规范发布的时间点，如图 1-1 所示。

图 1-1　HTML 规范发布时间点

HTML 语言，是用来描述网页的一种语言，指的是超文本标记语言（Hyper Text Markup Language），不是一种编程语言，而是一种标记语言（Markup Language），标记语言是一套标记标签（Markup Tag），使用标记标签来描述网页。

XML 语言，指的是可扩展标记语言（Extensible Markup Language），是适合构建标准网页的语言，也是 W3C（万维网联盟 World Wide Web Consortium 创建于 1994 年，是 Web 技术领域最具权威和影响力的国际中立性技术标准机构。）推荐的最完善的网页结构，但它目前更多的用于 Web 数据的交互，考虑到网页与浏览器的兼容性，W3C 在 XML 基础上发布了一个过渡版本 XHTML。

XHTML 语言，指的是可扩展超文本标记语言（Extensible HyperText Markup Language），与 HTML4.01 几乎是相同的，是更严格、更纯净的 HTML 版本，它兼顾了 XML 用来传输、存储数据的需要和 HTML 用来显示数据的需要，具有如下特点：

• 用户可以扩展元素，从而扩展功能，但在目前版本下，用户只能够使用固定的预定义元素，这些元素基本上与 HTML4 版本元素相同，但删除了描述性元素的使用。

• 能够与 HTML 很好地沟通，可以兼容当前不同的网页浏览器，实现 XHTML 页面的正确浏览。

1.1.2 XHTML 元素、标签和属性

XHTML 网页实际上就是由 XHTML 元素构成的文本文件，任何网页浏览器都可以直

接运行 XHTML 文件。所以，XHTML 元素就是构成 XHTML 文件的基本对象，XHTML 元素可以说是一个统称，XHTML 元素就是通过使用 XHTML 标签进行定义的。

一个 XHTML 元素一般是由一个起始标签和一个结束标签组成（存在单标签），开始标签使用 "＜标签名称＞" 表示，结束标签使用 "＜/标签名称＞" 表示（单标签使用 "＜标签名称　/＞" 表示），起始标签与结束标签之间包含标签内容。绝大部分的标签都是成对出现的，如＜table＞＜/talbe＞、＜form＞＜/form＞。还有少部分单标签，如＜br　/＞、＜hr　/＞等。标签就是用来标记 HTML 元素的。位于起始标签和结束标签之间的文本就是 HTML 元素的内容。

为 XHTML 元素提供各种附加信息的就是 XHTML 属性，它总是以" 属性名＝属性值" 这种名值对的形式出现，而且属性总是在 XHTML 元素的开始标签中进行定义。定义属性时，XHTML 建议为属性添加引号，如果属性本身有双引号，那建议外面使用双引号，内部使用单引号。

1.1.3　XHTML 文档结构

为了兼容数以万计的现存网页和不同浏览器，XHTML 页面与 HTML 页面没有太大的区别。但添加了 XML 语言的基本规范和要求。对于初学者，建议使用 Adobe Dreamweaver 8 或更高版本软件，在默认情况下可以新建一个标准的 XHTML 网页框架（如代码 1-1 所示）。

代码 1-1　XHTML 网页框架

```
<!--[XHTML 文档基本框架]-->
<!DOCTYPE html PUBLIC " -//W3C//DTD XHTML1.0 Transitional//EN "" http://
www.w3.org/TR/xhtml1/DTD/xhtml1-transitional.dtd"><!-- 定义 XHTML 文档类型 -->
<html xmlns = "http://www.w3.org/1999/xhtml"><!-- XHTML 文档根元素,其中
xmlns 属性声明文档命名空间 -->
<head><!--头部信息结构元素 -->
<meta http-equiv = "Content-Type" content = "text/html;charset = utf - 8"/>
<!-- 设置文档字符编码 -->
<title>无标题文档</title><!-- 设置文档标题 -->
</head>
<body><!-- 主体内容结构元素 -->
</body>
</html>
```

XHTML 代码不排斥 HTML 规则，在结构上基本相似，但如果仔细比较，会发现 XML 规范的影子，具体如下：

1. 定义文档类型

在 XHTML 文档第一行新增了＜!DOCTYPE＞元素，该元素用来定义文档类型。DOCTYPE 是 document type（文档类型）的缩写，它设置 XHTML 文档的版本。使用时应注意：

• 名称和属性必须大写；

• DTD，表示文档类型定义，包含了文档的规则，浏览器通过 DTD 解析页面元素，并把这些元素所组织的页面显示出来。

没有正确的 DOCTYPE，页面内的元素和 CSS 不能生效。

XHTML1.0 提供了三种 DTD 文档类型：

（1）过渡型（Transitional）：要求非常宽松的 DTD，它允许继续使用 HTML4 的元素，但要符合 XHTML 的语法要求，代码如下：

＜!DOCTYPE htmlPUBLIC "－//W3C//DTD XHTML1.0 Strict//EN""http://www.w3.org/TR/xhtml1/DTD/xhtml1-transitional.dtd"＞

（2）严格型（Strict）：要求严格的 DTD，不能使用任何描述性的元素和属性，代码如下：

＜!DOCTYPE htmlPUBLIC "－//W3C//DTD XHTML1.0 Transitional//EN""http://www.w3.org/TR/xhtml1/DTD/xhtml1－strict.dtd"＞

（3）框架型（Frameset）：针对框架页面设计的 DTD，如果页面包含框架，需用使用这种 DTD，代码如下：

＜!DOCTYPE html PUBLIC "－//W3C//DTD XHTML1.0 Frameset//EN""http://www.w3.org/TR/xhtml1/DTD/xhtml1－frameset.dtd"＞

对于大多数标准网页设计师来说，过渡型 DTD（XHTML1.0Transitional）是比较理想的选择。因为这种 DTD 允许使用描述性的元素和属性，也比较容易通过 W3C 的代码校验。

2. 声明命名空间

在 XHTML 文档根元素中必须使用 xmlns 属性声明文档的命名空间。

xmlns 是 XHTML Name Space 的缩写，中文翻译为命名空间。命名空间是收集元素类型和属性名字的一个详细 DTD，它允许通过一个 URL 地址指向来识别命名空间。

由于 XML 允许任何人定义自己的标签，自定义的元素表示什么意思，是否与他人定义同名标签发生冲突，这都是命名空间要解决的技术问题。

XHTML 是 HTML 向 XML 过渡的标识语言，它需要符合 XML 规则，因此也需要定义命名空间。又因为 XHTML1.0 还不允许用户自定义元素，因此它的命名空间都相同，就是 http：//www.w3.org/1999/xhtml。这就是为什么每个 XHTML 文档的 xmlns 值都相同的缘故。

1.1.4　XHTML 基本语法

XHTML 是根据 XML 语法简化而成，因此它遵循 XML 文档规范。下面是 XHTML 语言的基本语法：

• XHTML DTD 定义了强制使用的 HTML 元素。所有 XHTML 文档必须进行文件类型声明。在 XHTML 文档中必须存在 html、head、body 元素，而 title 元素必须位于在 head 元素中。

• 在 XHTML 中，＜html＞标签内的 xmlns 属性是必须的。

• 所有的标签必须是闭合的。在 XHTML 中单标签需要用 "/" 闭合，如＜br /＞，成对的标签必须关闭，如＜p＞＜/p＞。

• 属性名称必须小写。XHTML 区分大小写，＜title＞和＜TITLE＞表示不同的标签。

- 属性值必须加引号。在 HTML 中可以不给属性加引号，但 XHTML 中必须加引号。
- 属性不能简写，必须被赋值，没有值的属性用自身赋值。例如：

错误的写法：

＜img src＞

正确的写法：

＜img src = "src"＞

- 所有标签必须合理嵌套。XHTML 要求严谨的结构，因此嵌套必须按顺序。例如：

错误的写法：

＜div＞＜p＞＜/div＞＜/P＞

正确的写法：

＜div＞＜p＞＜/P＞＜/div＞

- 不要在注释内容中使用"－－"。例如：

错误的写法：

＜!－－ 注释 －－－－－－ 注释 －－＞

正确的写法：

＜!－－ 注释——注释 －－＞

- 用 id 属性代替 name 属性。

1.1.5　XHTML 元素分类

XHTML 文档是由许多不同的元素组成，而根据这些元素的显示状况，大体可以分为块状元素、内联元素和可变元素三类。下面将详细介绍这三类元素的特点及各种类型中常见的元素。

1. 块状元素（block element）

顾名思义，块状元素在网页中就是以块的形式显示，所谓块状就是元素显示为矩形区域，CSS3 开始支持定义圆角矩形区域显示，常用的块状元素包括 div、h1～h6、p、table、ul 等。

块状元素一般作为其他元素的容器，它可以容纳内联元素和其他块状元素。在默认情况下，块状元素排斥同行，两个相邻块状元素不会出现并列显示的现象，会独占一行。在默认状态下，块状元素会按顺序自上而下排列，用 CSS 可以改变这种分布形式，而且块状元素都可以定义自己的宽度和高度。

2. 内联元素（inline element）

inline element 可翻译为内嵌元素、行内元素、直进式元素等。内联元素是基于语义级（semantic）的基本元素。任何不是块状元素的可见元素都可以称为内联元素。其表现的特性就是行内布局的形式，也就是说其表现形式是行内逐个显示。

内联元素不会排斥同行其他元素，没有自己的形状，不能定义它的宽、高，它随内容的形状变化而变化，如 span、a、img 等。

块状元素和内联元素是两种基本元素，可以利用 CSS 来改变元素的默认状态。

3. 可变元素

可变元素是根据上下文关系来确定元素是以块状显示还是以内联显示。常见的可变元素包括：applet（java 小程序）、button（按钮）、map（图像映射）等。

1.2　XHTML 常用元素简介

在了解了 XHTML 的文档结构之后（可参考 1.1.3 小节 XHTML 文档结构），本节介绍 XHTML 文档的常用元素，包括文档头元素和常用 XHTML 标签。

1.2.1　文档头元素

XHTML 文档头部常用元素有文档类型声明＜!DOCTYPE＞（可参考 1.1.3 小节 XHTML 文档结构）、文档头标签＜head＞、文档默认地址标签＜base＞、文档链接＜link＞、网页标题＜title＞和元信息标签＜meta＞。

1. 文档头标签＜head＞

＜head＞标签用于定义文档的头部，它是所有头部元素的容器。＜head＞中的元素可以引用脚本、指示浏览器在哪里找到样式表、提供元信息等等。所有浏览器都支持＜head＞标签。

文档的头部描述了文档的各种属性和信息，包括文档的标题、在 Web 中的位置以及和其他文档的关系等。绝大多数文档头部包含的数据都不会真正作为内容显示给浏览者。

一个简单的 HTML 文档，带有最基本的必须的元素（代码 1-2）：

代码 1-2　简单的 HTML 文档

```
＜html＞
＜head＞
＜title＞文档的标题＜/title＞
＜/head＞
＜body＞
文档的内容 .......
＜/body＞
＜/html＞
```

2. 文档默认地址标签＜base＞

＜base＞标签为页面上的所有链接规定默认地址或默认目标。所有浏览器都支持＜base＞标签。

在通常情况下，浏览器会从当前文档的 URL 中提取相应的元素来填写相对 URL 中的空白。使用＜base＞标签可以改变这一点。浏览器随后将不再使用当前文档的 URL，而使用指定的基本 URL 来解析所有的相对 URL。这其中包括＜a＞、＜img＞、＜link＞、＜form＞标签中的 URL。实例如代码 1-3 所示及表 1-1、表 1-2 所示。

代码 1-3　＜base＞标签应用示例

```
...
＜head＞
＜base href = "http://www.ccbupt.cn"/＞
```

```
<base target = "_blank"/>
</head>
<body>
<img src = "eg_smile. gif"/>
<a href = "http://www. ccbupt. cn">北京邮电大学世纪学院</a>
</body>
…
```

表 1-1　<base>标签必需的属性

属性	值	描述
href	URL	规定页面中所有相对链接的基准 URL

表 1-2　<base>标签可选的属性

属性	值	描述
target		在何处打开页面中所有的链接：
	_ blank	_ blank：在新窗口中打开链接
	_ parent	_ parent：在父窗体中打开链接
	_ self	_ self：在当前窗体打开链接，此为默认值
	_ top	_ top：在当前窗体打开链接，并替换当前的整个窗体（框架页）
	framename	Framename：在对应框架页中打开

3. 文档链接<link>

<link>标签定义文档与外部资源的关系。<link>标签最常见的用途是链接样式表。在用于样式表时，<link>标签得到了几乎所有浏览器的支持。但是几乎没有浏览器支持其他方面的用途。

链接一个外部样式表：

```
<head>
<link rel = "stylesheet"type = " text/css" href = "test. css"/>
</head>
```

4. 网页标题<title>

<title>元素可定义文档的标题。所有浏览器都支持<title>标签。

浏览器会以特殊的方式来使用标题，并且通常把它放置在浏览器窗口的标题栏或状态栏上。同样，当把文档加入用户的链接列表或者收藏夹或书签列表时，标题将成为该文档链接的默认名称。

一个简单的 XHTML 文档，带有尽可能少的必需的标签（代码 1-4）：

代码 1-4　<title>元素应用示例

```
<html>
<head>
<title>XHTML 文档标题</title>
</head>
<body>
```

```
正文内容 ......
</body>
</html>
```

5. 元信息标签<meta>

<meta>元素可提供有关页面的元信息（meta-information），比如针对搜索引擎和更新频度的描述和关键词。所有浏览器都支持<meta>标签。

<meta>标签位于文档的头部，不包含任何内容。<meta>标签的属性定义了与文档相关联的名称或值。<meta>标签永远位于 head 元素内部。元数据总是以名称或值的形式被成对传递的，如表 1-3、表 1-4 所示。

表 1-3　<meta>标签必须的属性

属性	值	描述
content	some _ text	定义与 http-equiv 或 name 属性相关的元信息

表 1-4　<meta>标签可选的属性

属性	值	描述
http-equiv	content-type expires refresh set-cookie	把 content 属性关联到 HTTP 头部
name	author description keywords generator revised others	把 content 属性关联到一个名称
scheme	some _ text	定义用于翻译 content 属性值的格式

常用<meta>标签属性：

字符集声明：每个页面都具有字符集声明，它是非常重要的，它决定了页面文件的编码方式，设定页面使用的字符集，用以说明主页制作所使用的文字已经语言，浏览器会根据此来调用相应的符集显示页面内容。

XHTML 字符集声明：

<meta http-equiv = "Content-Type"　content = "text/html;charset = utf - 8"/>

页面关键词：每个网页应具有描述该网页内容的一组唯一的关键字。

使用人们可能会搜索，并准确描述网页上所提供信息的描述性和代表性关键字及短语。标记内容太短，则搜索引擎可能不会认为这些内容相关。另外标记不应超过 874 个字符。

<meta name = "keywords"　content = "HTML,XHTML,Javascript"/>

页面描述：每个网页都应有一个不超过 150 个字符且能准确反映网页内容的描述标签。

<meta name = "description"　content = "150 words"/>

搜索引擎索引方式，robotterms 是一组使用逗号（,）分割的值，通常有如下几种取值：

none，noindex，nofollow，all，index 和 follow。确保正确使用 nofollow 和 noindex 属性值。

```
＜meta name ="robots"　content ="index,follow"/＞
＜!--
        all:文件将被检索,且页面上的链接可以被查询;
        none:文件将不被检索,且页面上的链接不可以被查询;
        index:文件将被检索;
        follow:页面上的链接可以被查询;
        noindex:文件将不被检索;
        nofollow:页面上的链接不可以被查询。
--＞
```

页面重定向和刷新：content 内的数字代表时间（秒），即多少时间后刷新。如果加 url，则会重定向到指定网页（搜索引擎能够自动检测，也很容易被引擎视作误导而受到惩罚）。

```
＜meta http-equiv ="refresh"　content ="0;url ="/＞
```

其他：

```
＜meta name ="author"　content ="author name"/＞＜!--定义网页作者--＞
＜meta name ="google"　content ="index,follow"/＞
＜meta name ="googlebot"　content ="index,follow"/＞
＜meta name ="verify"　content ="index,follow"/＞
```

1.2.2　常用 XHTML 标签

1.＜body＞主体标签

body 元素定义文档的主体。所有主流浏览器都支持＜body＞标签。body 元素包含文档的所有内容（比如文本、超链接、图像、表格和列表等等。）在 XHTML1.0 Strict DTD 中，所有 body 元素的"呈现属性""（如：bgcolor，规定文档的背景颜色）均不被支持。

一个简单的 HTML 文档，带有最基本的必需的元素（代码 1-5）：

代码 1-5　body 元素定义文档的主体

```
＜html＞
＜head＞
＜title＞文档的标题＜/title＞
＜/head＞
＜body＞
文档的内容......
＜/body＞
＜/html＞
```

2.＜div＞

＜div＞可定义文档中的分区或节（division 或 section）。所有主流浏览器都支持＜div＞标签。

＜div＞标签可以把文档分割为独立的、不同的部分。它可以用作严格的组织工具，并且不使用任何格式与其关联。

如果用 id 或 class 来标记<div>，那么该标签的作用会变得更加有效。

<div>是一个块级元素。这意味着它的内容自动地开始一个新行。实际上，换行是<div>固有的唯一格式表现。可以通过<div>的 class 或 id 应用额外的样式。

不必为每一个<div>都加上类或 id，虽然这样做也有一定的好处。

可以对同一个<div>元素应用 class 或 id 属性，但是更常见的情况是只应用其中一种。这两者的主要差异是，class 用于元素组（类似的元素，或者可以理解为某一类元素），而 id 用于标识单独的唯一的元素。

代码 1-6　模拟新闻网页结构

```
...
<body>
<h1>新闻资讯</h1>
<p>文章内容 ... </p>
<div class = "news">
<h2>新闻标题</h2>
<p>文章内容 ... </p>
    ...
</div>
<div class = "news">
<h2>新闻标题</h2>
<p>文章内容 ... </p>
    ...
</div>
    ...
</body>
    ...
```

代码 1-6 模拟了新闻类网页的结构。其中的每个 div 把每条新闻的标题和文章内容组合在一起，div 为文档添加了额外的结构。同时，由于这些 div 属于同一类元素，所以可以使用 class＝"news" 对这些 div 进行标识，这么做不仅是为 div 添加合适的语义，而是便于进一步使用样式对 div 进行格式化，可谓一举两得。

提示：如需更深入地学习 class 和 id 的用法，请阅第 2 章 2.1.2CSS 选择器内容。

3. <span>

<span>标签被用来组合文档中的行内元素。所有浏览器都支持<span>标签。请使用<span>来组合行内元素，以便通过样式来格式化它们。<span>标签没有固定的格式表现。当对它应用样式时，它才会产生视觉上的变化。

如果不对<span>应用样式，那么<span>元素中的文本与其他文本不会任何视觉上的差异。尽管如此，上例中的 span 元素仍然为 p 元素增加了额外的结构。

可以为<span>应用 id 或 class 属性，这样既可以增加适当的语义，又便于对<span>应用样式。

可以对同一个<span>元素应用 class 或 id 属性，但是更常见的情况是只应用其中一种。

简单的＜span＞示例，"我是红色的胖子"几个字是红色、粗体字：

HTML：

＜p class = "tip"＞＜span＞我是红色的胖子＜/span＞......... ＜/p＞

CSS：

```
p.tip span{
        font-weight:bold;/＊文字加粗＊/
        color:red;        /＊字体颜色为红色＊/
        }
```

4.＜h1＞～＜h6＞标题标签

＜h1＞～＜h6＞标签可定义标题。＜h1＞定义最大的标题。＜h6＞定义最小的标题。所有浏览器都支持＜h1＞～＜h6＞标签。

由于 h 元素拥有确切的语义，因此请慎重地选择恰当的标签层级来构建文档的结构。因此，请不要利用标题标签来改变同一行中的字体大小。相反，我们应当使用层叠样式表定义来达到漂亮的显示效果。

＜h1＞～＜h6＞标签的使用和显示效果如下（图 1-2）：

＜h1＞这是标题 1＜/h1＞

＜h2＞这是标题 2＜/h2＞

＜h3＞这是标题 3＜/h3＞

＜h4＞这是标题 4＜/h4＞

＜h5＞这是标题 5＜/h5＞

＜h6＞这是标题 6＜/h6＞

5.＜p＞段落标签

＜p＞标签定义段落。所有主流浏览器都支持＜p＞标签。

p 元素会自动在其前后创建一些空白。浏览器会自动添加这些空间，也可以在样式表中规定。

以下代码标记了两个段落：

＜p＞第一段，请注意段与段之间的间距，是自动创建的哦。＜/p＞

＜p＞第二段，请注意段与段之间的间距，是自动创建的哦。＜/p＞

段落标签显示效果，如图 1-3 所示。

图 1-2　＜h1＞～＜h6＞标签的显示效果

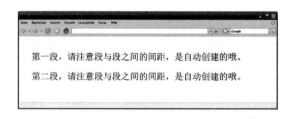

图 1-3　段落标签显示效果

**6.
换行标签**

可插入一个简单的换行符。所有浏览器都支持
标签。

标签是空标签（意味着它没有结束标签，因此这是错误的：
</br>）。在 XHTML 中，把结束标签放在开始标签中，也就是
。

请使用
来输入空行，而不是分割段落。换行符显示效果，如图 1-4 所示。

<p>我是第一段段文字……看,两段间有间距哦。</p>

<p>我是第二段文字……下面开始折行了哦
……我只是换了一行,没有分段哦。</p>

图 1-4 换行符显示效果

7. <hr>水平分隔线标签

<hr>标签在 HTML 页面中创建一条水平线。所有主流浏览器都支持<hr>标签。

水平分隔线（horizontal rule）可以在视觉上将文档分隔成各个部分。

在 XHTML 中，<hr>必须被正确地关闭，比如<hr />。在 XHTML1.0 Strict DTD 中，hr 元素的所有"呈现属性"（如：width，规定 hr 元素的宽度。）均不被支持。

<p>hr 标签定义水平线:</p>

<hr />

<p>这是段落。</p>

<hr />

<hr>标签定义水平线显示效果，如图 1-5 所示。

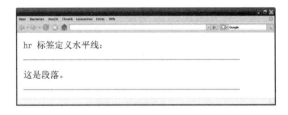

图 1-5 <hr>标签定义水平线显示效果

8. <ul>、<ol>、<li>列表标签

<ul>标签定义无序列表。所有主流浏览器都支持<ul>标签。请使用样式来定义列表的类型。

<ul>无序列表：

<ul>

<li>HTML</li>

<li>XHTML</li>

13

<li>CSS</li>

</ul>

无序列表显示效果，如图 1-6 所示。

图 1-6　无序列表显示效果

<ol>标签定义有序列表。所有主流浏览器都支持<ol>标签。请使用 CSS 来定义列表的类型。

<ol>有序列表：

<ol>

<li>HTML</li>

<li>XHTML</li>

<li>CSS</li>

</ol>

有序列表显示，如图 1-7 所示。

图 1-7　有序列表显示效果

<li>标签定义列表项目。所有主流浏览器都支持<li>标签。

<li>标签可用在有序列表<ol>和无序列表<ul>中。请使用 CSS 来定义列表和列表项目的类型。

9.＜img＞图像标签

<img>元素向网页中嵌入一幅图像。所有浏览器都支持<img>标签。

请注意，从技术上讲，<img>标签并不会在网页中插入图像，而是从网页上链接图像。<img>标签创建的是被引用图像的占位空间。

<img>标签有两个必需的属性：src 属性和 alt 属性。

在 XHTML 中，<img>标签必须被正确地关闭<img src="＃"alt="text"/>。<img>标签必需的属性，如表 1-5 所示。

表 1-5　＜img＞标签必需的属性

属性	值	描述	属性	值	描述
alt	text	规定图像的替代文本	src	URL	规定显示图像的 URL

在下面的例子中，页面中插入一幅北京邮电大学世纪学院康庄校区明德楼的照片：

＜img src＝"images/ccbupt.jpg"　alt＝"北京邮电大学世纪学院－明德楼"/＞

＜img＞标签显示效果，如图 1-8 所示。

图 1-8　＜img＞标签显示效果

10. ＜a＞链接标签

＜a＞标签定义超链接，用于从一张页面链接到另一张页面。所有浏览器都支持＜a＞标签。请使用 CSS 来设置链接的样式。

指向 ccbupt.cn 的超链接：

＜a href＝"http://www.ccbupt.cn"＞北京邮电大学世纪学院＜/a＞

＜a＞元素最重要的属性是 href 属性，它指示链接的目标。

在所有浏览器中，链接的默认外观是：

- 未被访问的链接 a：link，带有下划线而且是蓝色的。
- 已被访问的链接 a：visited，带有下划线而且是紫色的。
- 活动链接 a：active，带有下划线而且是红色的。

a 表示所有状态下的连接；a：link，未访问链接；a：visited，已访问链接；a：hover，鼠标移到链接上时；a：active，激活时（链接获得焦点时）链接的颜色。

＜a＞元素的四种状态需要注意书写顺序，正确的顺序：a：link、a：visited、a：hover、a：active，为了便于记忆，可以联想为"爱恨"（LoVe/HAte），即四种伪类的首字母：LVHA。

被链接页面通常显示在当前浏览器窗口中，除非规定了另一个目标——target 属性。target 属性，规定在何处打开链接文档。包括值：

- _blank 是最常见的链接方式，表示超链接的目标地址在新建窗口中打开；
- _self 表示"相同窗口"，单击链接后，地址栏不变；
- _top 表示整页窗口；
- _parent 表示父窗口。

提示：在 HTML5 中，＜a＞标签始终是超链接，但是如果未设置 href 属性，则只是超链接的占位符。

11. ＜table＞表格标签

table、tr 和 td 元素被用来实现表格化数据显示，它们有着明确的语义，其中各个元素的语义如下：

• table 表示表格的艺术，它主要用来定义数据表格的包含框，数据如何显示还需要配合内部元素来确定，如果要定义数据表整体样式，一般应选择该元素来实现，而数据表中数据的显示样式应该通过 td 元素来实现。

• tr 是 a row in a table 短语缩写，表示表格中的一行，由于它内部还需要包含单元格，所以在定义数据表格样式上，该元素的作用不是太明显。

• td 是 a diamonds in a table 短语的缩写，表示表格中的一个方格，td 元素作为表格中最小的容器元素，它可以装载任何数据和元素，但在标准布局中不再建议用 td 装载其他元素来实现嵌套布局，而仅作为数据最小单元格来使用。

这三个元素都是块状元素，而且具体来说，table 显示为表格，td 显示为表格行，td 显示为单元格。

更复杂的 HTML 表格在此不作为重点内容详述。简单表格示例，如代码 1-7 所示。

代码 1-7　简单表格示例

```
＜table width = "500"  border = "1"  cellspacing = "0"  cellpadding = "5"＞
＜tr＞
＜td＞属性＜/td＞
＜td＞值＜/td＞
＜td＞描述＜/td＞
＜/tr＞
＜tr＞
＜td＞border＜/td＞
＜td＞pixels＜/td＞
＜td＞规定表格边框的宽度。＜/td＞
＜/tr＞
＜/table＞
```

简单表格显示效果，如图 1-9 所示。

图 1-9　简单表格显示效果

12. ＜form＞表单标签

form 是 Form Contros 的缩写，表单是一个包含表单元素的区域。

表单元素是允许用户在表单中（比如：文本域、下拉列表、单选框、复选框等等）输入信息的元素。

表单使用表单标签＜form＞定义。

＜form＞

…

　　input 元素

…

＜/form＞

多数情况下被用到的表单标签是输入标签（＜input＞）。输入类型是由类型属性 type 定义的。大多数经常被用到的输入类型如表 1-6 所示。

表 1-6　表单控件

表单控件	描述
input type＝"text"	单行文本输入框
input type＝"submit"	将表单（Form）里的信息提交给表单里 action 所指向的文件
input type＝"checkbox"	复选框
input type＝"radio"	单选框
select	下拉框
textArea	多行文本输入框
input type＝"password"	密码输入框（输入的文字用＊表示）

（1）文本域（Text Fields），＜input type＝"text" /＞定义用户可输入文本的单行输入字段。当用户要在表单中输入字母、数字等内容时，就会用到文本域。＜form＞表单本身并不可见。同时，在大多数浏览器中，文本域的默认宽度是 20 个字符。显示效果如图 1-10 所示。

＜form＞

姓名：

＜input type＝"text"　name＝"姓名"/＞

＜/form＞

图 1-10　文本域显示效果

（2）＜input type＝"password"/＞定义密码字段。密码字段中的字符会被掩码（显示为星号或原点）。显示效果如图 1-11 所示。

＜form＞

用户名：＜input type＝"text"　name＝"name"/＞

```
<br />
密　码:<input type = "password"　name = "pwd"/>
</form>
```

图 1-11　密码字段显示效果

（3）单选按钮（Radio Buttons），当用户从若干给定的的选择中选取其一时，就会用到单选框，且只能从中选取其一，用 checked 属性标记已选中。显示效果如图 1-12 所示。

```
<form>
<input type = "radio"　name = "sex"value = "male"/>男
<br />
<input name = "sex"　type = "radio"　value = "female"　checked />女
</form>
```

图 1-12　单选按钮显示效果

（4）复选框（Checkboxes），当用户需要从若干给定的选择中选取一个或若干选项时，就会用到复选框。显示效果如图 1-13 所示。

```
<form>
<input type = "checkbox"　name = "Sports"/>
运动
<br />
<input type = "checkbox"　name = "Movie"/>
电影
</form>
```

图 1-13　复选按钮显示效果

（5）表单的动作属性（Action）和确认按钮，当用户单击确认按钮时，表单的内容会被传送到另一个文件。表单的动作属性定义了目的文件的文件名。由动作属性定义的这个文件通常会对接收到的输入数据进行相关的处理。用户填入表单的信息总是需要程序来进行处理，表单里的 action 就指明了处理表单信息的文件。比如下面例句里的 html_form_action.asp。至于 method，表示了发送表单信息的方式。method 有两个值：get 和 post。get 的方式是将表单控件的 name、value 信息经过编码之后，通过 URL 发送（可以在地址栏里看到）。而 post 则将表单的内容通过 http 发送，在地址栏看不到表单的提交信息。那么什么时候用 get，什么时候用 post 呢？一般是这样来判断的，如果只是为取得和显示数据，用 get；一旦涉及数据的保存和更新，那么建议用 post。显示效果如图 1-14 所示。

＜form name = "input"action = "html_form_action. asp"method = "get"＞

用户名：

＜input type = "text"　name = "user"/＞

＜input type = "submit"　value = "Submit"/＞

＜/form＞

图 1-14　表单的动作属性（Action）和确认按钮显示效果

（6）select 元素可创建单选或多选菜单。当提交表单时，浏览器会提交选定的项目，或者收集用逗号分隔的多个选项，将其合成一个单独的参数列表，并且在将＜select＞表单数据提交给服务器时包括 name 属性。显示效果如图 1-15 所示。

＜form＞

＜select＞

＜option value = "volvo"＞Volvo＜/option＞

＜option value = "saab"＞Saab＜/option＞

＜option value = "opel"＞Opel＜/option＞

＜option value = "audi"＞Audi＜/option＞

＜/select＞

＜/form＞

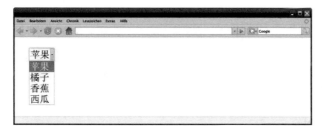

图 1-15　单选或多选菜单显示效果

（7）＜textarea＞标签定义多行的文本输入控件。文本区中可容纳无限数量的文本。可以通过 cols 字符宽度和 rows 行数属性来规定 textarea 的尺寸，不过更好的办法是使用 CSS 的 height 和 width 属性。显示效果如图 1-16 所示。

　　提示：一个中文字占两个字符。

＜form＞

＜textarea cols = "20"　rows = "3"＞

一二三四五六七八九十一二三四五六七八九十一二三四五六七八九十一二三四五六七八九十

＜/textarea＞

＜/form＞

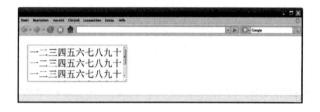

图 1-16　多行的文本输入控件显示效果

第 2 章
使用 CSS 定义网页样式

2.1　CSS 基本语法

　　CSS 是 Cascading Style Sheets（层叠样式表）的缩写。它的作用是定义网页的外观（例如字体，颜色等等），它也可以和 JavaScript 等浏览器端脚本语言合作做出许多动态的效果。使用 CSS 的方法可以简单概括为：

　　（1）选择器：选择器表示要定义样式的对象，可以是元素本身，也可以是一类元素或者指定名称的元素，后面将详细介绍。

　　（2）选择器属性：选择器属性是 CSS 的核心，CSS2 共定义了 150 多个属性。CSS 定义的大部分属性都可以适用于任何选择器，这是因为所有 XHTML 元素都是局域盒模型构建的，关于盒模型将在后面详细介绍（2.2 盒模型）。

　　（3）定义属性值：属性值包括常见的数值加单位，如 30 px，其中 30 表示数值，px 表示单位，即像素或像素点（pixel）的意思，它是屏幕显示的最小单元，常用的台式机显示器分辨率为 1024 px×768 px 或 1440 px×900 px，就是说屏幕的宽度由 1024/1440 个像素点组成，高度有 768/900 个像素点组成；也可以是百分比，如 30%，百分比值一般都参照父元素的相同属性值来确定；或是范围，如 left（左侧）、top（顶部）、right（右侧）、bottom（底部）等。

　　每个 CSS 样式或者规则都必须由两部分组成：选择器（Selector）和声明（Declaration）。使用花括号来包围声明，声明又包括属性（Property）和属性值（Value），属性和属性值被冒号分开，在每个声明之后要用分号表示一个声明的结束。其中最后一条声明中可以省略分号，但建议设计师养成用分号结束声明的习惯（图 2-1）。基本语法如下：

Selector｛Property：value；｝

例如：

```
body{
    margin:0px;
}
```

　　其中 body 是选择器，表示元素本身，即<body>标签；margin 是属性，表示外边距；0px 是属性值。这条样式呈现的效果是清除页面与浏览器之间的距离，实现页面与浏览器无缝显示。

　　一个样式不仅可以包含一个声明，可以包含无限个声明，声明与声明之间用分号隔开。例如：

```
body{
    margin:0px;
    background-color:#333333;
}
```

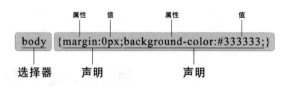

图 2-1 代码的结构示意图

上面样式定义了两个属性，即清除页边距，设置背景颜色为灰色。下面将详细介绍选择器、属性和属性值的 CSS 基本规则和使用技巧。

2.1.1 CSS 样式表的类型

CSS 的应用非常灵活，CSS 样式表的使用方式一般可以分为如下 4 类：

• 外部样式表文件：使用＜link＞标签引用一个样式表文件，HTML 在需要使用样式时会查找文件中的样式，它的优先级比下面两类要低。

• 内嵌样式表：在 HTML 页面的 head 区直接使用＜style＞标签定义一个页面内嵌的样式表，它的优先级高于外部样式表文件，低于行内样式表。

• 行内样式表：在一些 HTML 元素内部使用 style 属性定义样式表，行内样式表具有最高优先级。

• 引用样式表：可以使用 CSS 的@import 声明将一个外部样式表文件输入到另外一个 CSS 文件中，被输入的 CSS 文件中的样式规则定义语句就成为了输入到的 CSS 文件的一部分，也可以使用@import 声明将一个 CSS 文件输入到网页文件的＜style＞＜/style＞标签对中，被输入的 CSS 文件中的样式规则定义语句就成了＜style＞＜/style＞标签对中的语句。

下面看一看这 4 类样式表是如何定义的。

代码 2-1 XHTML 文件

```
＜!DOCTYPE HTML＞
＜html＞
＜head＞
＜meta http-equiv = "Content-Type"  content = "text/html;charset = utf－8"＞
＜title＞样式表的类＜/title＞
＜link href = "Code2-1_1.css"  rel = "stylesheet"  type = "text/css"＞
＜style type = "text/css"＞
＜!--
@import url("Code2-1_2.css");/＊引用样式表:导入一个外部样式表文件＊/
h2{
    color:＃0C0;              /＊绿字＊/
    font-family:"黑体","微软雅黑";
    font-size:20px;
    }
--＞
＜/style＞
＜/head＞
＜body＞
```

```
<h1>应用外部样式表文件的效果</h1>
<h2>应用内嵌式样式表的效果</h2>
<h1 style="color:#F0F;">应用行内样式表的效果</h1>
<h3>应用引用样式表的效果</h3>
</body>
</html>
```

以上代码分 4 步完成：

• 第一步，先引用外部样式表 Code2-1＿1.css（如图 2-2 样式表类型中图（a）引用外部样式表文件效果图），这个样式表定义了＜h1＞标签为红色、黑体、24 px 字，＜h2＞标签为蓝色、黑体，24 px 字，＜h3＞标签未定义，为默认值。

• 第二步，嵌入了一个内嵌样式表（如图 2-2 样式表类型中图（b）引用内嵌样式表效果图），这个样式表定义了＜h2＞标签为绿色、黑体，20 px 字，＜h1＞和＜h3＞标签未定义，应为引用外部样式表文件的样式。

• 第三步，引用行内样式表（如图 2-2 样式表类型中图（c）引用行内样式表效果图），为第三行文字的＜h1＞标签定义了＜h1 style=" color：#F0F;" ＞，字体颜色为紫色，此时，＜h2＞标签仍为内嵌样式表样式，其他属性和标签应为引用外部样式表文件的样式。

• 第四步，引用样式表 Code2-1＿1.css（如图 2-2 样式表类型中图（d）引用样式表效果图），这个样式表文件定义了＜h1＞标签为黑色、黑体、24 px 字，＜h2＞标签为红字、黑体、24 px 字，＜h3＞标签为黄字、黑体、24 px 字，此时效果为引用样式表 Code2-1＿1.css 样式和行内样式表第三行文字的＜h1＞标签为绿色字。

代码 2-1 引用的外部样式表文件：

```
@charset"utf-8";
/* CSS Document */
/* 代码 2-1 引用的外部样式表文件 */
h1{
    color:#F00;/* 红字 */
    font-family:"黑体","微软雅黑";
    font-size:24px;
    }
h2{
    color:#00F;/* 蓝字 */
    font-family:"黑体","微软雅黑";
    font-size:24px;
    }
```

代码 2-1 引用的引用样式表文件：

```
@charset"utf-8";
/* CSS Document */
/* 代码 2-1 引用的外部样式表文件_引用样式表 */
h1{
    color:#000;/* 黑子 */
```

```
        font-family:"黑体","微软雅黑";

        font-size:24px;

        }

h2{

        color:#F00;/＊红字＊/

        font-family:"黑体","微软雅黑";

        font-size:24px;

        }

h3{

        color:#FF0;/＊黄字＊/

        font-family:"黑体","微软雅黑";

        font-size:24px;

        }
```

（a）引用外部样式表文件效果图

（b）引用内嵌样式表效果图

（c）引用行内样式表效果图

（d）引用引用样式表效果图

图 2-2　样式表类型

此外，代码 2-1 中＜style type＝"text/css"＞……＜/style＞中的 @import url（"Code2-1_2.css"）；位置变换为如下位置，则不执行，如图 2-3 所示。

＜style type＝"text/css"＞

＜!--

h2{

        color:#0C0;/＊绿字＊/

        font-family:"黑体","微软雅黑";

        font-size:20px;

        }

```
@import url("Code2-1_2.css");/*引用样式表:导入一个外部样式表文件*/
-->
</style>
```

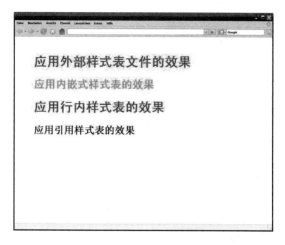

图 2-3　引用样式表换位效果图

可以看到，在<head>区中通过@import 导入了 Code2-1 _ 2.css 样式表文件，这似乎与<link>标签类似，它们之间的区别在于：

• @import 会在页面加载之处就将样式表全部加载到客户端浏览器，这增加了网络的流量开销。

• <link>标签仅在网页需要样式表时，才回去加载指定样式表，因此能够显著提升网站性能。

因此，在能够使用<link>标签的情况下尽量使用<link>标签，如果非要在一个样式表文件中引用另一个样式表，则可考虑命名用@import。

2.1.2　CSS 选择器

在 CSS 中，选择器是一种模式，是 CSS 的核心。选择器是指为要应用的样式进行分类，以便不同的类别应用于选择需要添加样式的元素上。CSS 提供了多种自定义的选择器类型，在此介绍几种常用选择器类型，如表 2-1 所示。

表 2-1　CSS 常用选择器

选择器	名称	简介	版本
E. myclass	类选择器	匹配 class 属性值为 myclass 的所有 E 元素	CSS1
E#myid	id 选择器	匹配位移标识 id 属性等于 myid 的 E 元素	CSS1
*	通配符选择器	匹配所有元素	CSS2
E	类型选择器	匹配指定类型的元素	CSS1
E, F, G	选择器分组	选择所有的 E 元素、F 元素和 G 元素	CSS1
E F	包含选择器	选择所有被 E 元素包含的 F 元素	CSS1
E>F	子对象选择器	选择所有作为 E 元素的子元素 F	CSS2
E+F	相邻选择器	选择紧贴在 E 元素之后 F 元素	CSS2

1. 类选择器

类选择器允许以一种独立于文档元素的方式来指定样式。该选择器可以单独使用，也可以与其他元素结合使用。要应用样式而不考虑具体设计的元素，最常用的方法就是使用类选择器。

（1）在使用类选择器之前，需要修改具体的文档标签，以便类选择器正常工作。为了将类选择器的样式与元素关联，必须将 class 指定为一个适当的值。

代码 2-2　类选择器示例

```
<h1 class = "font-color">
h1 标题标签内容
</h1>
<p class = "font-color">
p 段落标签内容
</p>
```

在上面的代码中，两个元素的 class 都指定为 font-color：第一个标题（h1 元素），第二个段落（p 元素）。

（2）然后使用以下语法向这些归类的元素应用样式，即类名前有一个点号（．），然后结合通配选择器：

```
*.font-color{color:red;}/*字体颜色为红色*/
```

如果只想选择所有类名相同的元素，可以在类选择器中忽略通配选择器，这没有任何不好的影响（图 2-4）：

```
.font-color{color:red;}/*字体颜色为红色*/
```

图 2-4　类选择器示例效果图

（3）类选择器可以结合元素选择器来使用。

例如，希望只有段落显示为红色文本：

```
p.font-color{color:red;}
```

选择器现在会匹配 class 属性包含 font-color 的所有 p 元素，但是其他任何类型的元素都不匹配，不论是否有此 class 属性。选择器 p.font-color 解释为："其 class 属性值为 font-color 的所有段落"。因为 h1 元素不是段落，这个规则的选择器与之不匹配，因此 h1 元素不会变成红色文本。

如果你确实希望为 h1 元素指定不同的样式，可以使用选择器 h1.font-color（图 2-5）：

```
p.font-color{color:red;}     /*字体颜色为红色*/
h1.font-color{color:blue;}   /*字体颜色为蓝色*/
```

图 2-5　类选择器示例效果图

（4）CSS 多类选择器，一个 class 值中可能包含一个词列表，各个词之间用空格分隔。

例如，如果希望将一个特定的元素同时标记为重要（font-color）和警告（font-weight），就可以写作：

$<$p class = "font-color font-weight"$>$

p 段落标签内容

$<$/p$>$

这两个词的顺序无关紧要，写成 font-weight　font-color 也可以。

（5）两个类选择器链接在一起，可以选择同时包含这些类名的元素（类名的顺序不限）。如果一个多类选择器包含类名列表中没有的一个类名，匹配就会失败。

请看下面的规则（图 2-6）：

. font-color{color:red;}　　　　　　　　/＊字体为红色＊/

. font-weight{font-weight:bold;}　　　　/＊字体加粗＊/

. font-color. font-weight{background:silver;}/＊背景颜色为银色＊/

以上样式表中 class 为 font-color 的所有元素的字体颜色都是红色，而 class 为 font-weight 的所有元素为粗体，class 中同时包含 font-color 和 font-weight 的所有元素的背景都是银色。

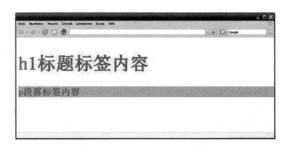

图 2-6　类选择器示例效果图

2. id 选择器

在某些方面，id 选择器类似于类选择器，不过也有一些重要差别。与类不同，在一个 HTML 文档中，id 选择器会使用一次，而且仅一次。不同于类选择器，id 选择器不能结合使用，因为 id 属性不允许有以空格分隔的词列表。

首先，id 选择器前面有一个＃号——也称为棋盘号或井号。如下样式表片段所示：

＊＃main{color:red;}/＊字体颜色为红色＊/

与类选择器一样，id 选择器中可以忽略通配选择器。前面的例子也可以写作：

＃main{color:red;}/＊字体颜色为红色＊/

id 选择器应用示例代码 2-3 如下：

代码 2-3　id 选择器应用示例

…

＜style type＝"text/css"＞

＃main{color:red;}/＊字体颜色为红色＊/

＜/style＞

…

＜body＞

＜p id＝"main"＞这是一段文字,字体为红色。＜/p＞

＜/body＞

＜/html＞

图 2-7　id 选择器应用示例效果图

3. 通配符选择器

"＊"这个符号在 CSS 里代表所有，即通配选择器。如下面样式表片段：

＊{font-size:12px;}

这个例子表示将网页中所有元素的字体定义为 12 像素，当然这是举个例子，一般不会做这么极端的定义。

在实际应用中，更多的可能如下样式表片段：

＊{

　　margin:0px;

　　padding:0px;

}

这个定义的含义是将所有元素的外边距和内边距定义为 0，而在具体需要设定内外边距的时候，再具体定义。从这个例子可以看出，通配选择器的作用更多是用于对元素的一种统一预设定。

通配选择器也可以用于选择器组合中：

div＊{color:＃FF0000;}

该例子表示在＜div＞标签内的所有字体颜色为红色。

🔖提示：一种例外的情况：

body＊{font-size:120％;}

这时候它表示相乘，当然 body 也可以换成别的选择器标签。由于这种效果取决的因素较多，一般不常使用。

4. 标签选择器

最常见的 CSS 选择器是标签选择器。换句话说，文档的元素就是最基本的选择器。

如果设置 HTML 的样式，选择器通常将是某个 HTML 标签元素，比如 p、h1、a，甚至可以是 html 本身，如下面样式表片段：

```
html{color:black;}/ * 字体颜色为黑色 * /
h1{color:blue;}    / * 字体颜色为蓝色 * /
h2{color:silver;} / * 字体颜色为银色 * /
```

在 W3C 标准中，标签选择器又称为类型选择器（type selector）。类型选择器匹配文档语言元素类型的名称。类型选择器匹配文档树中该元素类型的每一个实例。下面的规则匹配文档树中所有 h1 元素，如下面样式表片段所示：

```
h1{font-family:"黑体";}/ * 所有 h1 标签的字体都为黑体 * /
```

5. 分组选择器

选择器可以进行分组，被分组的选择器就可以分享相同的声明。用逗号将需要分组的选择器分开。如下面样式表片段所示：

```
h1,h2,h3,h4,h5,h6{margin:0px;padding:0px;}/ * 清除 h1,h2,h3,h4,h5,h6 所有标题
                                        的外边距和内边距 * /
```

6. 包含选择器

包含选择器也称派生选择器，顾名思义，是一种具有包含关系的选择。多个选择器以空格分开，组合成包含关系，且右边的选择器从属于左边（即右边的选择器只能在左边的选择器范围内选择）。包含选择器是常用的选择器之一，它让我们能对一些元素做精确的个性化设定。

一个包含选择器的应用示例（代码 2-4）：

代码 2-4　包含选择器示例

```
...
<style type = "text/css">
#nav a{
    text-decoration:none;/ * 去掉超链接默认的下划线 * /
}
div. main a{
color:red;              / * 字体颜色为红色 * /
}
</style>
</head>
<body>
<div id = "nav"><a href = "http://www. ccbupt. cn">|首 页|</a><a href = "http://
www. ccbupt. cn">新闻中心|</a></div>
<div class = "main"><p><a href = "http://www. ccbupt. cn">点击详情</a></p>
</div>
</body>
```

　　</html>

　　这个例子表示对"id＝"nav""的元素里面的超链接＜a＞应用该样式：超链接取消下划线，而其他网页元素的超链接不受影响。"class＝"main""的元素里的超链接＜a＞应用该样式：字体为红色，而"id＝"nav""的元素里面的超链接＜a＞不受影响。

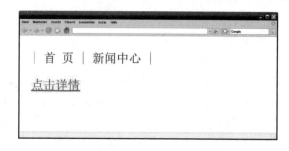

图 2-8　包含选择器示例效果图

　　包含选择器，实际可以看作是一种选择器的组合。显然，利用选择器的组合，可以更加精确的将样式应用到网页元素，以实现丰富多彩的个性化显示。

　　除了这种包含组合之外，还可以有如下一些常见的组合：

　　类型限定类：如 div. main ul li ｛｝

　　双重组合类：如 div. main ul. list1 ｛｝

　　伪类：如 ♯nav h2 a：hover ｛｝

　　以上这些例子只是为了说明选择器的组合，在实际应用中可能会有一定差异。善用选择器组合，可以使 CSS 文档更有条理更简洁。

2.1.3　CSS 属性

　　CSS 属性众多，在 W3C CSS2.0 版本（http：//www. w3. org/TR/CSS2/propidx. html）中共有 122 个标准属性，在 W3C CSS2.1 版本（http：//www. w3. org/TR/CSS21/propidx. html）中共有 115 个标准属性，其中删除了 CSS2.0 版本中的 7 个属性：font-size-adjust、font-stretch、marker-offset、marks、page、size 和 text-shadow。如果加上 IE 专有属性，共计有 153 个左右。数量略多，但好在 CSS 属性比较有规律，而且常用的属性不过四分之一左右。下面介绍了 41 个常用的 CSS 属性。

1. 背景属性共有 6 项

　　• 背景（background），简写属性，作用是将背景属性设置在一个声明中。

　　• 背景颜色（background-color），设置背景颜色。

　　• 背景图像（background-image），设置网页背景图像。

　　• 重复（background-repeat），控制背景图像的平铺方式，有不重复（no-repeat）、重复（repeat，沿水平、垂直方向平铺）、横向重复（repeat-x，图像沿水平方向平铺）和纵向重复（repeat-y，沿图像垂直方向平铺）等 4 种选择。

　　• 附加（background-attachment），用于控制背景图像是否会随页面的滚动而一起滚动。有固定（fixd，文字滚动时，背景图像保质固定）和滚动（scroll，背景图像随文字内容一起滚动）两种选择。

　　• 水平位置/垂直位置（background-position），确定背景图像的水平、垂直位置。共有左对齐（left）、右对齐（right）、顶部（top）、底部（bottom）、居中（center）和值（自定义背景图像的起点位置，可使用户对背景图像的位置做出更精确的控制）等 6 种选择。

2. 字体属性共有 9 项

- 字（font），简写属性在一个声明中设置所有字体属性。
- 字体（font-family），设定时，需考虑计算机系统中是否安装了该字体。
- 大小（font-size），注意度量单位。
- 粗细（font-weight），除了 normal（正常）、bold（粗体）、bolder（特粗）、lighter（细体）外，还有 9 种以像素为度量单位的设置方式。
- 样式（font-style），也就是字型。
- 行高（line-height），就是行距。注意，行距只能以字体大小值为标准。
- 变形（font-variant），可以将正常文字一半尺寸后大写显示，但 IE 目前不支持这项属性。text-transform 和 font-variant 都能把英文文本转换大小写。但是 font-variant 唯一的作用就是把英文文本转换成"小型"大写字母文本，注意这是"小型"的。一般极少用到 font-variant 属性，对于英文的大小写转换，一般用的是 text-transform 属性，而不是用 font-variant 属性。
- 大小写（text-transform），这项属性能轻而易举地控制字母大小写，有首字大写（capitalize）、大写（uppercase）、小写（lowercase）和无（none，使所有继承文字和变形参数被忽略，文字将以正常形式显示）等 4 种。
- 修饰（text-decoration），用于控制链接文本的显示形态，有下划线（underline）、无下划线（overline）、删除线（line-through）、闪烁（blink）和无（none，使上述效果均不会发生）等 5 种修饰方式。但 IE4 不支持文字闪烁。

3. 区块属性共有 6 项

- 单词间距（word-spacing），主要用于控制文字间相隔的距离。有正常（normal）和值（自定义间隔值）两种选择方式。当选择值时，可用的单位有英寸（in）、厘米（cm）、毫米（mm）、点数（pt）、12pt 字（pc）、字体高（em）、字体 x 有高（ex）像素（px）。
- 字母间距（letter-spacing），其作用与字符间距类似，也有正常（normal）和值（自定义间隔值）两种选择方式。
- 垂直对齐（vertical-align），控制文字或图像相对于其母体元素的垂直位置。如将一个 2×3 像素的 GIF 图像同其母体元素文字的顶部垂直对齐，则该 GIF 图像将在该行文字的顶部显示。共有基线（baseline，将元素的基准线同母体元素的基准线对齐）、下标（sub，将元素以下标的形式显示）、上标（super，将元素以上标的形式显示）、顶部（top，将元素顶部同最高的母体元素对齐）、文本顶对齐（text-top，将元素的顶部同母体元素文字的顶部对齐）、中线对齐（middle，将元素的中点同母体元素的中点对齐）、底部（bottom，将元素的底部同最低的母体元素对齐）及值（自定义）等 9 种选择。
- 文本对齐（text-align），设置块的水平对齐方式。共有左对齐（left）、右对齐（right）、居中（center）和均分（justify）等 4 种选择。
- 文字缩进（text-indent），控制块的缩进程度。
- 空白间距（white-space），在 HTML 中，空格是被省略的；在 CSS 中则使用属性（white-space）控制空格的输入。共有正常（normal）、保留（pre）和不换行（nowrap）等

3 种选择。

4. 边框的属性有 3 项

• 宽（border-width），控制边框的宽度，其中分为 4 个属性：border-top-width 顶边框的宽度、border-right-width 右边框的宽度、border-bottom-width 底边框的宽度、border-left-width 左边框的宽度。

• 颜色（border-color），设置各边框的颜色。若要使边框的四边显示不同的颜色，可在设置中分别列出。如：

p{border-color:＃ff0000 ＃009900 ＃0000ff ＃55cc00;}

• 浏览器将四种颜色依次理解为：上边框、右边框、底边框和左边框（自上开始顺时针）。

• 样式（border-style），设定边框的样式，共有无（none）、虚线（dashed）、点状线（dotted）、实线（solid）、双线（double）、槽状（grove）、脊状（ridge）、凹陷（inset）和凸起（outset）9 种。

5. 盒子属性共有 6 项

• 宽（width），确定盒子本身的宽度，可以使盒子的宽度不依靠它所包含的内容多少。

• 高（height），确定盒子本身的高度。

• 浮动（float），设置块元素的浮动效果。

• 清除（clear），用于清除设置的浮动效果。

• 外边距（margin），控制围绕边框的边距大小。其中包含 4 个属性：margin-top 控制上外边距的宽度、margin-right 控制右外边距的宽度、margin-bottom 控制下外边距的宽度、margin-left 控制外左边距的宽度。

• 内边距（padding），确定围绕块元素的空格填充数量，其中包含 4 个属性 padding-top 控制上内边距的宽度、padding-right 控制右内边距的宽度、padding-bottom 控制下内边距宽度、padding-left 控制左内边距的宽度。

6. 列表属性共有 3 项

• 类型（list-style-type），确定列表每一项前使用的符号，共有圆点（disc）、圆圈（circle）、方形（square）、数字（decimal）、小写罗马数字（lower-roman）、大写罗马数字（upper-roman）、小写字母（lower-alpha）和大写字母（upper-alpha）等 8 种。

• 项目图像（list-style-image），其作用是将列表前面的符号换为图形。

• 位置（list-style-position），用于描述列表位置，有内（outside）和外（inside）两种选择。

7. 定位属性共有 6 项

• 类型（position），用于确定定位的类型，共有绝对（absolute）、相对（relative）、静态（static）和固定（fixed）4 种选择。

• Z 轴（z-index），用于控制网页中块元素的叠放顺序，可为元素设置重叠效果。该属性的参数值使用纯整数，值为 0 时，元素在最下层，适用于绝对定位或相对定位的元素。

• 显示（visibility）使用该属性可将网页中的元素隐藏，共有继承（inherit，继承母体要素的可视性设置）、可见（visible）和隐藏（hidden）3 种选择。

• 溢出（overflow），在确定了元素的高度和宽度后，如果元素的面积不能全部显示元素中的内容时，该属性就起作用了。其中共有可见（visible，扩大面积以显示所有内容）、隐藏（hidden，隐藏超出范围的内容）、滚动（scroll，在元素的右边显示一个滚动条）和自动（auto，当内容超出元素面积时，显示滚动条）4 种选择。

• 定位，当为元素确定了绝对定位类型后，该组属性决定元素在网页中的具体位置。该组属性包含 4 个子属性，分别是左（属性名为 left，控制元素左边的起始位置）、上（属性名为 top，控制元素上面的起始位置）、宽或高（与盒子类属性面板中宽或高的属性作用相同）。

• 剪辑（clip），当元素被指定为绝对定位类型后，该属性可以把元素区域切成各种形状，但目前提供的只有方形一种。属性值为 rect（top right bottom left），即：rect（top right bottom left），属性值的单位为任何一种长度单位。

8. 扩展属性共有两部分

• 分页，其中两个属性的作用是为打印的页面设置分页符。之前（page-break-before）；之后（page-break-after）。

• 视觉效果，其中两个属性的作用是为网页中的元素施加特殊效果。光标（cusor），可以指定在某个元素上要使用的光标形状，共有 15 种选择方式，分别代表鼠标在 Windows 操作系统中的各种形状。另外它还可以指定指针图标的 URL 地址；滤镜（fiter），可以为网页中元素施加各种奇妙的滤镜效果，共包含有 16 种滤镜。

2.1.4　CSS 属性值

1. 颜色值

可以用以下方法来规定 CSS 中的颜色：十六进制色、RGB 颜色、RGBA 颜色、HSL 颜色、HSLA 颜色。

（1）十六进制颜色

所有浏览器都支持十六进制颜色值。

十六进制颜色是这样规定的：♯RRGGBB，其中的 RR（红色）、GG（绿色）、BB（蓝色）十六进制整数规定了颜色的成分。所有值必须介于 0 与 FF 之间。

如下代码片段，♯0000ff 值显示为蓝色，这是因为蓝色成分被设置为最高值（ff），而其他成分被设置为 0，如下代码片段所示：

```
p{
background-color:♯0000ff;/＊背景颜色为蓝色＊/
}
```

（2）RGB 颜色

所有浏览器都支持 RGB 颜色值。

RGB 颜色值是这样规定的：rgb（red，green，blue）。每个参数（red、green 以及 blue）定义颜色的强度，可以是介于 0 与 255 之间的整数，或者是百分比值（从 0 到 100％）。

如代码片段，rgb（0，0，255）值显示为蓝色，这是因为 blue 参数被设置为最高值（255），而其他被设置为 0。

同样地，下面的值定义了相同的颜色：rgb（0，0，255）和 rgb（0％，0％，100％），如下代码片段所示：

```
p{
background-color:rgb(0,0,255);/*背景颜色为蓝色*/
}
```

（3）RGBA 颜色

RGBA 颜色值得到以下浏览器的支持：IE9＋、Firefox 3＋、Chrome、Safari 以及 Opera 10＋。

RGBA 颜色值是 RGB 颜色值的扩展，带有一个 alpha 通道，它规定了对象的不透明度。

RGBA 颜色值是这样规定的：rgba（red，green，blue，alpha）。alpha 参数是介于 0.0（完全透明）与 1.0（完全不透明）的数字，如下代码片段所示：

```
p{
background-color:rgba(255,0,0,0.5);/*背景颜色为红色,透明度为50%*/
}
```

（4）HSL 颜色

HSL 颜色值得到以下浏览器的支持：IE9＋、Firefox、Chrome、Safari 以及 Opera 10＋。

HSL 指的是 hue（色调）、saturation（饱和度）、lightness（亮度）表示颜色柱面坐标表示法。

HSL 颜色值是这样规定的：hsl（hue，saturation，lightness）。

Hue 是色盘上的度数（从 0 到 360），0（或 360）是红色，120 是绿色，240 是蓝色。Saturation 是百分比值；0%意味着灰色，而 100%是全彩。Lightness 同样是百分比值；0%是黑色，100%是白色，如下代码片段所示：

```
p{
background-color:hsl(120,65%,75%);/*背景颜色为浅绿色*/
}
```

（5）HSLA 颜色

HSLA 颜色值得到以下浏览器的支持：IE9＋、Firefox 3＋、Chrome、Safari 以及 Opera 10＋。

HSLA 颜色值是 HSL 颜色值的扩展，带有一个 alpha 通道，它规定了对象的不透明度。

HSLA 颜色值是这样规定的：hsla（hue，saturation，lightness，alpha），其中的 alpha 参数定义不透明度。alpha 参数是介于 0.0（完全透明）与 1.0（完全不透明）的数字，如下代码片段所示：

```
p{
background-color:hsla(120,65%,75%,0.3);/*背景颜色为浅绿色,透明度为30%*/
}
```

（6）CSS 颜色名

所有浏览器都支持的颜色名。

HTML 和 CSS 颜色规范中定义了 147 中颜色名（17 种标准颜色加 130 种其他颜色）。下面的表格中列出了常用颜色名称，以及它们的十六进制值和 RGB 值（表 2-2）。

　提示：17 种标准色是：aqua，black，blue，fuchsia，gray，green，lime，maroon，navy，olive，orange，purple，red，silver，teal，white，yellow。

表 2-2　常用颜色名称、十六进制值与 RGB 值

颜色名称	颜色十六进制值	颜色 RGB
black	#000000	rgb（0，0，0）
white	#FFFFFF	rgb（255，255，255）
red	#FF0000	rgb（255，0，0）
yellow	#FFFF00	rgb（255，255，0）
blue	#0000FF	rgb（0，0，255）
green	#00FF00	rgb（0，255，0）
orange	#FFA500	rgb（255，165，0）

2. 相对长度单位

每一个浏览器都有其自己默认的通用尺寸标准，这个标准可以由系统决定，也可以由用户按照自己的爱好进行设置。因此，这个默认值尺寸往往是用户觉得最适合的尺寸。于是使用相对长度值，就可以是需要定义尺寸的元素按照默认大小为标准，相应地按比例缩放。这样就不可能产生难以辨认的情况。其实，百分比单位以及关键字都能产生相类似的效果。

CSS 还支持下列三种长度的相对单位：em、ex 和 px。

em 是相对于当前对象内文本的字体尺寸。例如：定义某个元素的文字大小为 12 px，那么，对于这个元素来说 1em 就是 12 px。单位 em 的实际大小是受到字体尺寸的影响的。如当前行内文本的字体尺寸未被人为设置，则相对于浏览器的默认字体尺寸。

ex 和 em 类似，指的是文本中字母 x 的高度，此高度通常为字体尺寸的一半。因为不同的字体的 x 的高度是不同的，所以 ex 的实际大小，受到字体和字体尺寸两个因素的影响。

px 就是通常所说的像素（pixel），使网页设计中使用最多的长度单位。将显示器分成非常细小的方格，每个方格就是一个像素。px 是相对于显示器屏幕分辨率而言的。譬如，Windows 的用户所使用的分辨率一般是 96 像素/英寸。而 MAC 的用户所使用的分辨率一般是 72 像素/英寸。例如，同样是 100 px 大小的字体，如果显示器使用 800×600 像素的分辨率，那么，每个字的宽度是屏幕的 1/8。若将显示器的分辨率设置为 1024×768 像素，那么同样是 100 px 字体的字，其宽度就约为屏幕宽度的 1/10。

3. 绝对长度单位

绝对长度单位，虽然理解起来很容易，但是在网页的设计中很少用到。绝对长度单位分为 in（英寸）、cm（厘米）、mm（毫米）、pt（磅）、pc（pica）。其中，in（英寸）、cm（厘米）、mm（毫米）和实际中常用的单位完全相同。

重点介绍一下 pt（磅）、pc（pica）：

- pt（磅）：是标准印刷上常用的单位，72pt 的长度为 1 英寸。
- pc（pica）：这也是一个印刷上用的单位，1pc 的长度为 12 磅。

4. 百分比单位

百分比总是相对于另一个值来说的。那个值可以是长度单位或是其他的。每一个可以使用百分比值单位指定的属性同时也自定义了这个百分比值的参照值。大多数情况下，这个参

照值是此元素本身的字体大小，如下面样式表片段所示：

p{font-size:10px;}

p{line-height:120％;}

第一个 p 样式设置为字体大小 10 px，第二个 p 设置行间距为 120％，则 p 的行间距实际大小为，10 px＊120％等于 12px，即 p 的行间距为 12 px。

5. URL

URL 单位和链接的地址有关。URL 是 "Uniform Resource Locator" 的简写。网站通过链接的方式使各个网页之间连接起来，使众多的页面构成一个有机整体，使访问者能够在各个页面之间跳转。链接可以是一段文本，一幅图像或其他网页元素，当在浏览器中用鼠标单击这些对象时，浏览器可以根据其指示载入一个新的页面或者跳转到页面的其他位置。

在创建链接的过程中，路径是非常重要的。两种路径：绝对路径和相对路径，其中相对路径可分为和根目录相对的路径及和文当相对的路径。

绝对路径是含服务器协议（在网页上通常是 http://或 ftp://）的完全路径。绝对路径包含的是精确位置而不用考虑源文档的位置。但是如果目标文档被移动，则链接无效。创建对当前站点以外文件的链接时必须使用绝对路径。

和根目录相对的路径总是从当前站点的根目录开始。站点上的所有可以公开的文件都存放在站点的根目录下。和根目录相对的路径使用斜杠告诉服务器从根目录开始。例如，/ccbupt/index.html 将链接到站点根目录 ccbupt 文件夹的 index.html 文件。如果要在内容经常被移动的环境中链接文件，那么使用和根目录相对的路径往往是最佳的方法。在使用与根目录相对的路径时，包含链接的文档在站点内移动，链接不会中断。但是，和根目录相对的路径和适合于本地查看站点，在这种情况下，可以使用和文档相对的路径。

当在浏览器中按照本地方式预览文件时，和根目录相对的路径所链接的内容不会出现。这是因为浏览器不能像服务器那样识别站点根目录，要预览和根目录相对的路径所链接的内容，必须将文件放置到远程服务器并从那里进行查看。

文档相对的路径是指和当前文档所在的文件夹相对的路径。例如文档 index.html 在文件夹 ccbupt 中，它指定的就是当前文件夹内的文档。../index.html 指定的则是当前文件夹上级目录中的文档；而/ccbupt/index.html 指定是某文件夹下 ccbupt 文件夹中的 index.html 文档。与文档相对的路径通常是最简单的路径，可以用来链接总是和当前文档在同一文件夹中的文件。

在 CSS 中有用 url 语法来指定背景图像样式 background-image，如样式表片段所示：

.mainheader{

height:52px;

background-image:url(../images/bg-pic.jpg)　no-repeat;/＊背景图像不重复＊/

}

背景图像链接地址是上一级目录下的 images 文件夹里的 bg-pic.jpg 文件。

2.1.5　CSS 继承、层叠和特殊性

CSS 样式表的继承、层叠和特殊性的学习首先要先了解什么是 HTML 文档树，文档树

（Document Tree）是 HTML 页面的层级结构。它由元素、属性和文本组成，它们都是一个节点（Node），就像公司的组织结构图一样，如图 2-9 所示。

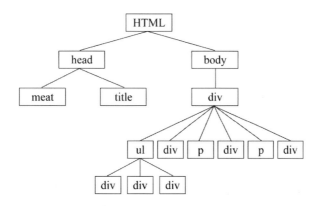

图 2-9　HTML 文档树（HTML DOM）

图 2-9 所示的文档树包含多个层级是 HTML 元素的相互嵌套关系构成的。

嵌入其他元素内的元素被称为子元素（Child），如结构图中的 li 是 ul 的子元素。随着嵌套的继续深入，子元素也就成了后代元素（Descendant），如结构图中的 li 元素就是 body 元素的后代元素。

那些一层之上的元素是外部元素称为父元素（Parent），如结构图中的 ul 元素就是 li 元素的父元素；有些外部元素称作祖先元素（Ancestor）（两层或以上），如结构图中的 body 就是 li 元素的祖先元素。

另外具有同一父元素结点的，位于相同嵌套层级的元素称为兄弟元素，如结构图中的两个段落 P 元素就是兄弟元素，因为它们具有同一个父元素 div。

在 HTML 文档中，一个元素可以同时拥有以上部分甚至所有称谓，正如家谱中的某个成员一样，这些称谓是用来描述一个元素与另一个元素之间关系的。

1. CSS 继承

CSS 的主要特征之一就是继承，它是依赖于祖先、后代的关系的。继承是一种机制，它允许样式不仅可以应用于某个特定的元素，还可以应用于它的后代。例如一个 body 定义了的颜色值也会应用到段落的文本中，如代码 2-5 所示。

代码 2-5　CSS 继承

```
...
<style type = "text/css">
body{color:red;}/ * 字体颜色为红色 * /
</style>
</head>
<body>
<p>CSS 的继承</p>
</body>
</html>
```

图 2-10　CSS 继承效果

（1）CSS 继承的局限性

在 CSS 中，继承是一种非常自然的行为，甚至不需要考虑是否能够这样去做，但是继承也有其局限性。

首先，有些属性是不能继承的。这没有任何原因，只是因为它就是这么设置的。举个例子来说：border 属性，大家都知道，border 属性是用来设置元素的边框的，它就没有继承性。多数边框类属性，比如像 padding（内边距），margin（外边距），背景和边框的属性都是不能继承的。

（2）继承中容易引起的错误

有时候继承也会带来些错误，比如说下面这条 CSS 样式片段：

body{color:blue}

在有些浏览器中这句定义会使除表格之外的文本变成蓝色。从技术上来说，这是不正确的，但是它确实存在。所以经常需要借助于某些技巧，比如将 CSS 定义成这样：

body,table,th,td{color:blue}

这样表格内的文字也会变成蓝色。

2. CSS 层叠

层叠是指 CSS 能够对同一个元素或者同一个网页应用多个样式或样式表的能力。例如可以创建一个 CSS 样式来应用边距，创建另一个样式来应用颜色，然后将两个样式应用于同一个页面中的同一个元素，这样 CSS 就能够通过样式表层叠设计出各种页面效果。如下面代码片段所示。

div{font-size:12px;}

div{font-size:14px;}

上面样式代码都是相同属性声明并应用于同一个元素上，那么 div 元素内的字体到底是多大呢？

最后显示的字号为 14px，也就是说 14px 的字体大小覆盖了 12px 字体大小，这就是样式层叠。

3. CSS 特殊性

样式的应用并不简单，如果设计庞杂的样式表，可能会出现很多意想不到的问题，如下面代码 2-6 所示。

代码 2-6　我到底显示什么颜色？

…

＜style type＝"text/css"＞

/ ＊样式优先级别＊ /

body{color:red;}　　　　/ ＊文档样式＊ /

```
div{color:green;}      /*标签元素样式*/
.blue{color:blue;}     /*class 样式*/
#header{color:gray;}   /*id 样式*/
#header{color:black;}  /*id 样式*/
</style>
</head>
<body>
<div id="header" class="blue">我到底显示什么颜色？</div>
</body>
</html>
```

如何解析上面的代码，文字到底显示什么颜色？可以根据下面的特殊性加权值规则得出结果：

- 第一等：代表内联样式，如：style="",特殊加权值为 1000。
- 第二等：代表 id 选择器，如：#content，特殊加权值为 100。
- 第三等：代表类，伪类和属性选择器，如 .content，特殊加权值为 10。
- 第四等：代表类型选择器和伪元素选择器，如 divp，特殊加权值为 1。

根据如上规则分析如下：

- body{color:red;}，特殊性加权值为 1。
- div{color:green;}/*标签元素样式*/，特殊性加权值为 1。
- .blue{color:blue;}/*class 样式*/，特殊性加权值为 10。
- #header{color:gray;}/*id 样式*/，特殊性加权值为 100。
- #header{color:black;}/*id 样式*/，特殊性加权值为 100。

代码 2-6 显示的字体颜色应该为 #header{color:gray;} 或 #header{color:black;}，再根据 CSS 层叠规则，相同属性声明并应用于同一个元素上下面的代码覆盖上面的代码，则代码 2-6 最终显示的字体颜色为黑色。

另外，还应注意几个特殊性的应用：

（1）被继承的值具有特殊性 0。即不管父级样式的优先权多大，被子级元素继承时，它的特殊性均为 0，也就是是说元素声明的样式可以覆盖继承来的样式，如代码 2-7 所示。

代码 2-7　被继承的值具有特殊性

```
…
<style type="text/css">
span{color:gray;}
#header{color:red;}
</style>
</head>
<body>
<div id="header" class="blue"><span>我是什么颜色？</span></div>
</body>
</html>
```

根据规则，div 特殊性加权值为 100，但 span 继承后，span 的特殊性加权值就为 0，而 span 本身选择器的特殊性加权值为 1，大于基层的样式特殊性，因此，元素最终显示颜色为灰色。

（2）相同的特殊性下，CSS 遵循就近原则，也就是说靠近元素的样式具有最大优先权，或者说排在最后的样式具有最大优先权，如代码 2-8 所示。

代码 2-8　就近优先示例

```
...
<link href = "style. css"　rel = "stylesheet"　type = "text/css"/><!--导入外部样式 -->
<style type = "text/css">
#header{
        color:blue;
        }
</style>
</head>
<body>
<div id = "header">就近优先:我是什么颜色？</div>
</body>
</html>
```

导入的外部样式表 style. css 中的样式内容：

```
/ * CSS 文档,名称为 style. css * /
#header{
        color:red;
        }
```

根据就近优先的原则，字体颜色应为蓝色。

如果将内部样式改为：

```
<style type = "text/css">
div {
        color:blue;
        }
</style>
```

则特殊性不同，最终文字显示为外部样式表所定义的红色。同理，如果同时导入两个外部样式表，则排在下面的样式表比上面的样式表的优先级要大。

（3）CSS 定义类一个！important 命令，则具有该命令的样式有最大的权利。也就是说不管特殊性如何，不管样式位置的远近，！important 命令都具有最大优先权，可以一说是"权倾天下"！根据代码 2-8 修改内部样式为：

```
<style type = "text/css">
div{
        color:blue! important;
        }
</style>
```

则此时字体颜色应为蓝色。

注意！important 命令必须位于属性值和分号之间，否则无效，IE6－不支持该命令。

2.2　CSS 盒模型

盒模型是 CSS 布局的基石，它规定了网页元素如何显示以及元素相互关系。1996 年，W3C 推出了 CSS，同时也带来了盒子，盒子（Box Model）中文翻译为盒模型，根据盒模型规则，网页中所有元素对象都被放在一个盒子里，设计师可以通过 CSS 来控制这个盒子的显示属性，这就是经典的 CSS 盒模型。

2.2.1　盒模型基础

1. 什么是盒模型？

CSS 定义所有元素都可以拥有像盒子一样的外形和平行空间，即都包含内容（content）、背景（背景颜色和背景图像）内边距（padding）、边框（border）、外边距（margin），CSS 盒子模式都具备这些属性。日常生活中所见的盒子也具有这些属性，所以称它盒子模型。

CSS 明确规定了网页中所有元素都可以定义自己的模型。除了边框外，在元素内容四周还可以定义一个空白区域以控制元素边框与元素内容之间的位置关系，以及在边框外边定义一个空白区域以控制元素与其他元素之间的距离。

元素内容与边框之间的空白区域被称作元素的内边距（padding），也称之为补白、填充或内框；在元素边框外边的空白区域被称作外边距（margin），也称之为边界或外边框。

2. 盒模型结构

在 CSS 中，所有网页元素都被看作一个矩形框，或者称为元素框。这个模型框描述了元素在网页布局中所占的空间和位置，如图 2-11 所示。

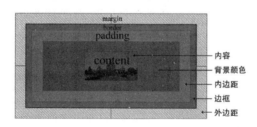

图 2-11　盒模型图结构

代码 2-9　定义盒模型

```
...
<style type = "text/css">
div{
        background-color:#36F;/*背景颜色为蓝色*/
        border:30px solid red;  /*边框为 30px 宽、实线、红色*/
        padding:50px;           /*四边内边距都为 50px*/
        margin:50px;            /*四边外边距都为 50px*/
        width:650px;            /*内容区域的宽*/
        height:233px;           /*内容区域的高*/
```

```
        }
div img{                                    /*设置图像居中显示*/
        display:block;
        margin-top:50px;
        margin-left:200px;
    }
</style>
</head>
<body>
<div><img src="pic.jpg"  width="250"  height="133"></div><!—div 的
```
内容区域尺寸是 650＊233px,空出了显示背景颜色的空间。 -->
```
</body>
</html>
```

所有网页都元素可以包含四个区域：内容区域、内边距区、边框区和外边距区。元素框的最内部分是实际的内容，直接包围内容的是内边距。内边距呈现了元素的背景。内边距的边缘是边框。边框以外是外边距，外边距默认是透明的，因此不会遮挡其后的任何元素。在 CSS 中，可以增加内边距区、边框区和外边距区大小，这些不会影响内容区域，即元素内容区域的宽和高，但会增加元素框的总尺寸。

3. 元素宽和高的计算

初识 CSS 时，往往会认为 width 和 height 属性分别表示整个元素的宽和高，包括 IE 5.x 以下版本的浏览器都是这样认为的。这种认识常常根深蒂固，特别是网页结构比较复杂的情况下，网页发生错位时不知如何纠错，因为惯性思维认为这种设置是正确的。

根据 CSS 盒模型规则，可以给出一个简单的盒模型尺寸公式：

• 元素的总宽度＝左外边距＋左边框＋左内边距＋内容区域宽＋右内边距＋右边框＋右外边距

• 元素的总宽度＝上外边距＋上边框＋上内边距＋内容区域高＋下内边距＋下边框＋下外边距

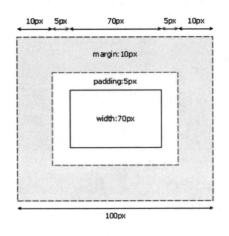

图 2-12　盒模型尺寸计算示例图

如图 2-12 所示，元素的每个边上有 10 个像素的外边距和 5 个像素的内边距。如果希望这个元素达到 100 个像素，就需要将内容的宽度设置为 70 像素。

在现实生活中盒子的宽和高是包括盒子的边框和里面的空间的，盒子的大小一般是固定的，不管装多少东西，仅是压缩盒子的内部空间，但不会改变盒子的宽和高。想起来尽管符合生活逻辑，但这与 CSS 的标准相互矛盾。默认布局下元素包含内容后，宽和高会自动调整为内容的宽和高；而当元素浮动时（详见 2.4 布局模型），再加上各浏览器解析不同等都给网页布局带来了很多不合逻辑的麻烦。通常设计师会对盒模型进行综合考虑才能设计出满意的布局。

4. 元素间距的计算

当两个或多个元素并列分布时，设置它们之间的距离也是一个较复杂的问题，它需要两个对象的多个参数共同操控。

（1）元素间的并列间距计算

如图 2-13 元素并列间距的计算示意图所示，左右两个元素之间的实际距离是左边元素的右内边距、右外边距和右边元素的左外边距、左内边距的和，如定义了边框，应将左边元素的右边框和右边元素的左边框计算在内。

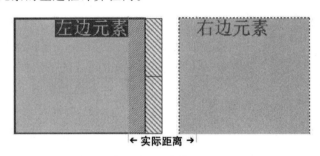

图 2-13　元素并列间距的计算示意图

图 2-13 的布局代码 2-10 如下：

代码 2-10　元素并列间距的计算示意图代码

```
...
<style type = "text/css">
div {
        float:left;
        height:200px;
        width:200px;
        font-size:32px;
        color:#FF0000;
        background-color:#FC0;
        }
#box1 {
        margin-right:30px;
        padding-right:30px;
        text-align:right;
        }
#box2 {
        margin-left:30px;
        padding-left:30px;
        text-align:left;
        }
</style>
</head>
```

```
<body>
<div id = "box1">左边元素</div>
<div id = "box2">右边元素</div>
</body>
</html>
```

根据规则，上图左右元素之间的实际距离等于 120 px。

（2）元素垂直间距的计算

与元素间的并列间距相比，元素间的垂直间距要复杂一些，如图 2-14 所示。

直观的观察图 2-14 的效果，上下两个间距的实际为：上边元素的下内边距＋上边元素的下边框＋上边元素的下外边距＋下边元素的上边框＋下边元素的上内边距，即实际间距为 100 px。

图 2-14　元素垂直间距计算 .jpg

代码 2-11　元素垂直间距计算示意图代码

```
...
<style type = "text/css">
div{
        height:100px;
        width:200px;
        margin:20px;                /* 外边距 20px */
        padding:20px;               /* 内边距 20px */
        font-size:32px;
        color:#FF0000;
        }
#box1{
        background-image:url(bg2. jpg);
        border:20px solid red;       /* 边框宽 20px */
        }
#box2{
        background-image:url(bg3. jpg);
        border:20px solid blue;
        }
</style>
</head>
<body>
<div id = "box1">上边元素</div>
<div id = "box2">下边元素</div>
</body>
</html>
```

这里存在两个误解：

误解一：直接看图会认为两元素之间的间距为 20 px，人们常惯性的认为元素的边框和内填充是元素内容的一部分，但这不是 CSS 的规则。

误解二：不看图，按照并列间距的计算方式，认为间距为 120px，实际上下边元素的上外边距与上边元素的下外边距重叠了。另外，这种覆盖是数值小的外边距被覆盖。

因此在计算元素之间的垂直间距时要注意 CSS 规则下界定的边距范围，还要注意上下元素的外边距相互覆盖，用最大的边界值参与实际计算。

2.2.2　边框

网页中很多修饰性线条都是由边框来实现的，是通过使用 CSS 边框属性，可以创建出效果出色的边框，并且可以应用于任何元素。元素外边距内就是元素的的边框。元素的边框就是围绕元素内容和内边距的一条或多条线。border 属性允许规定元素边框的宽度、样式和颜色。当指定了边框颜色（border-color）和边框宽度（border-width）时，你必须同时指定边框样式（border-style），否则边框不会被呈现。

边框的最基本用法，复合属性定义边框：

border:1px solid black;/＊1px,实线,黑色。＊/

边框的单个属性定义：

border-width:thick;/＊边框的宽＊/

border-style:solid;/＊边框的样式＊/

border-color:black;/＊边框的颜色＊/

如使用该复合属性定义其单个参数，则其他参数的默认值将无条件覆盖各自对应的单个属性设置。例如：设置 border：thin 等于设置 border：thin none，而 border-color 的默认值将采用文本颜色。因此此前的任何 border-color 和 border-width 设置都会被清除。

设置对象边框的宽度、样式、颜色时：如果提供全部四个参数值，将按上－右－下－左的顺序作用于四个边框；如果只提供一个，将用于全部的四条边；如果提供两个，第一个用于上－下，第二个用于左－右；如果提供三个，第一个用于上，第二个用于左－右，第三个用于下。

💡 提示：外边距 margin 和内边距 padding 的设置和边框的宽度、样式、颜色设置是提供参数的方式是一样的，都是：四个参数值，将按上－右－下－左的顺序作用于四个边；提供一个参数，将用于全部的四个边；提供两个参数，第一个用于上－下，第二个用于左－右；提供三个参数，第一个用于上，第二个用于左－右，第三个用于下。

1. 边框宽度

边框宽度 border-width，有 4 种取值，如表 2-3 所示。

表 2-3　border-width 取值

取值	说明
medium	默认值，默认宽度
thin	小于默认宽度
thick	大于默认宽度
length	由浮点数字和单位标识符组成的长度值。不可为负值

2. 边框样式

边框样式 border-style，在各浏览器下解析的样式结果有不同，它有 10 种取值，如表 2-4 所示。

表 2-4　border-style 取值

取值	说明
none	默认值，边框不受任何指定的 border-width 值影响
hidden	隐藏边框，IE 不支持
dotted	在 MAC 平台上 IE4＋与 Windows 和 UNIX 平台上 IE5.5＋为点线，否则为实线
dashed	在 MAC 平台上 IE4＋与 Windows 和 UNIX 平台上 IE5.5＋为虚线，否则为实线
solid	实线边框
double	双线边框，两条单线与其间隔的和等于指定的 border-width 值
groove	根据 border-color 的值画 3D 凹槽
ridge	根据 border-color 的值画 3D 凸槽
inset	根据 border-color 的值画 3D 凹边
outset	根据 border-color 的值画 3D 凸边

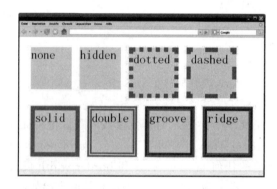

图 2-15　边框样式效果图（IE 内核浏览器）

3. 边框颜色

边框颜色 border-color，取值为指定的颜色，详情参见 2.1.3 CSS 属性值中的颜色值内容。

2.2.3　外边距

设置外边距可以使用 margin 属性，所有浏览器都支持 margin 属性。需要注意的是块级元素的垂直相邻外边距会合并，而行内元素实际上不占上下外边距。行内元素的左右外边距不会合并。同样地，浮动元素的外边距也不会合并。允许指定负的外边距值，不过使用时要小心。

它有 3 种取值，如表 2-5 所示。

表 2-5　外边距取值

取值	说明
auto	自动计算值
％	百分数。百分数是基于父对象的高度
length	由浮点数字和单位标识符组成的长度值，支持使用负数值

1 个值复合外边距定义：

margin:10px;/＊四周外边距都为 10px＊/

2 个值复合外边距定义：

margin:15px 10px;/＊上下外边距 15px,左右外边距 10px＊/

3 个值复合外边距定义：

margin:15px 10px 15px;/＊上外边距 15px,左右外边距 10px,下外边距 15px＊/

4 个值符合属性定义：

margin:5px 10px 15px 20px;/＊上外边距 5px,右外边距 10px,下外边距 15px,左外边距 20px＊/

单个外边距定义：

margin-top:5px;　　/＊上外边距 5px＊/

margin-right:10px;/＊右外边距 10px＊/

margin-bottom:15px;/＊下外边距 15px＊/

margin-left:20px;　/＊左外边距 20px＊/

2.2.4　内边距

内边距 padding,只有 1 种取值,padding：length,length 由浮点数字和单位标识符组成的长度值或者百分数,百分数是基于父对象的宽度,不允许负值。

设置内边距值是同 margin 一样,可分别取 1、2、3、4 个值和单个内边距值进行定义。

2.2.5　使用盒模型实现简单网页布局

以“北京邮电大学世纪学院网站首页”为例,结合第 1 章内容,应用盒模型知识实现一个简单网页布局应用。主要有如下步骤：

1. 分析页面分块结构,形成 XHTML 结构代码。

如图 2-16 所示,北京邮电大学世纪学院网站首页分块结构。

图 2-16　北京邮电大学世纪学院网站首页分块结构

代码 2-12 北京邮电大学世纪学院网站首页-XHTML 结构代码

```
…
<body>
<div id = "header"class = "clear"><!--[一级结构,头部区域]-->
<div class = "logo"><!--[二级级结构,网站标识]-->网站标识</div>
<div class = "motto_search"><!--[二级结构,校训＋搜索引擎]-->校训和搜索
引擎</div>
<div class = "E_C"><!--[二级结构,中英文]-->中英文</div>
</div><!--[一级结构,头部区域－结束]-->
<div id = "nav">[一级结构,导航区域]</div><!--[一级结构,导航区域]-->
<div id = "banner">[一级结构,通栏广告区域]</div><!--[一级结构,通栏广告
区域]-->
<div id = "news"class = "clear"><!--[一级结构,新闻区域]-->
<div class = "news_left">公告栏</div><!--[二级级结构,公告栏]-->
<div class = "news_middle">综合新闻</div><!--[二级级结构,综合新闻]-->
<div class = "news_right">视频新闻</div><!--[二级级结构,视频新闻]-->
</div><!--[一级结构,新闻区域－结束]-->
<div id = "fast-nav">[一级结构,快速通道区域]</div><!--[一级结构,快速通
道区域]-->
<div id = "footer">[一级结构,版权信息区域]</div><!--[一级结构,版权信息
区域]-->
</body>…
```

2. 编写 XHTML 结构代码的 CSS，控制定位或美化。

为 XHTML 结构代码编写 CSS，并用背景颜色、外边距等加以显示和区分（图 2-17）。

```
…
<style type = "text/css">
body{
      margin-top:0px;                /*清除结构模块与浏览器间的间距*/
      }
.clear{overflow:auto;_height:1％;} /*清除浮动*/
div{
      width:990px;
      height:100％;
      margin:0px auto;               /*设定所有模块在浏览器中居中显示*/
      background-color:red;          /*设置所有模块背景颜色为红色*/
      color:black;                   /*字体颜色*/
      text-align:center;             /*文本居中显示*/
      line-height:30px;              /*文本行间距*/
      font-size:20px;                /*字号大小*/
      font-family:黑体;              /*字体*/
```

```
        }
#nav,#banner,#news,#fast-nav,#footer{margin-top:10px;}/* 盒模型的共有属
性,各模块之间有 10 像素的间距 */
#header{height:80px;}
#header .logo{float:left;width:412px;height:71px;background-color:#999;}
#header .motto_search{float:left;width:203px;height:71px;background-color:#
999;margin-left:300px;}
#header .E_C{float:left;width:71px;height:71px;background-color:#999;margin-
left:4px;}
#nav{height:30px;}
#banner{height:200px;}
#news{height:300px;}
.news_left{float:left;width:300px;height:300px;background-color:#999;}
.news_middle{float:left;width:370px;height:300px;background-color:#999;mar-
gin-left:10px;}
.news_right{float:left;width:300px;height:300px;background-color:#999;mar-
gin-left:10px;}
#fast-nav{height:80px;}
#footer{height:50px;}</style>
…
```

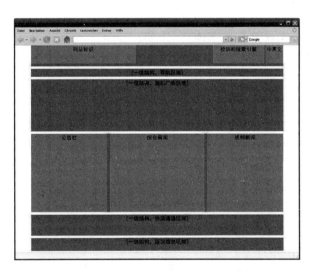

图 2-17　北京邮电大学世纪学院网站首页-
XHTML 结构代码显示效果

2.3　CSS 格式化排版

CSS 格式化排版是将 CSS 技术与网页图文排版相结合,详细介绍 CSS 网页排版中的主
要格式化要素,实现网页实用性和欣赏性相得益彰的应用和表现效果。

2.3.1　文字

在网页设计中，最重要的莫过于网页的视觉效果。文字是网页的主体，设计师常花费大量的精力去设计、调整字体、字体大小、颜色和样式。利用 CSS 强大的功能和灵活性可以随意对字体属性进行调整，以达到理想的设计效果。

1. 字体

一般计算机中都会安装多种字体，浏览器会使用默认字体呈现，如 Windows 中文版操作系统默认字体是宋体或新宋体，英文默认字体是 Arial。在微软公司的 Vista 系统中，默认字体为微软雅黑，它是个人电脑上可以显示得最清晰的中文字体。目前 Windows XP 系统之后的系统版本的默认字体为微软雅黑，以支持高清显示的 ClearType 功能。

ClearType，由美国微软公司在其 Windows 操作系统中提供的荧幕字体平滑工具，让 Windows 字体更加漂亮。ClearType 主要是针对 LCD 液晶显示器设计，可提高文字的清晰度。

CSS 定义字体的元素为：font-family，它规定元素的字体系列。所有主流浏览器都支持 font-family 属性。

font-family 可以把多个字体名称作为一个"回退"系统来保存。如果浏览器不支持第一个字体，则会尝试下一个。也就是说，font-family 属性的值是用于某个元素的字体族名称或类族名称的一个优先表。浏览器会使用它可识别的第一个值。

有两种类型的字体系列名称：

指定的系列名称：具体字体的名称，比如："宋体"、"courier"、"arial"。

通用字体系列名称（用于英文字体）：比如："serif"、"sans-serif"、"cursive"、"fantasy"、"monospace"。

在 CSS 中定义字体声明如下：

```
font-family:Arial,Helvetica,sans-serif;
```

浏览器执行这条声明时，首先会寻找系统中已经安装的 Arial 字体，如果存在就使用该字体解析显示内容。如果该字体不存在，则会使用下一个字体，以此类推。

建议当不确定所声明的字体是否安装在电脑中时，最好将通用字体设置在字体项目的最后一项，这也是 CSS 推荐的用法。

英文通用字体是拥有相似外观的字体系统组合，包括下面 5 类：

（1）Serif 字体

这些字体成比例，而且有上下短线。如果字体中的所有字符根据其不同大小有不同的宽度，则成该字符是成比例的。例如，小写 i 和小写 m 的宽度就不同。上下短线是每个字符笔画末端的装饰，比如小写 l 顶部和底部的短线，或大写 A 两条腿底部的短线。Serif 字体的例子包括 Times、Georgia 和 New Century Schoolbook。

（2）Sans-serif 字体

这些字体是成比例的，而且没有上下短线。Sans-serif 字体的例子包括 Helvetica、Geneva、Verdana、Arial 或 Univers。

（3）Monospace 字体

Monospace 字体并不是成比例的。它们通常用于模拟打字机打出的文本、老式点阵打印机的输出，甚至更老式的视频显示终端。采用这些字体，每个字符的宽度都必须完全相同，所以小写的 i 和小写的 m 有相同的宽度。这些字体可能有上下短线，也可能没有。如果一个字体的字符宽度完全相同，则归类为 Monospace 字体，而不论是否有上下短线。Monospace 字体的例子包括 Courier、Courier New 和 Andale Mono。

（4）Cursive 字体

这些字体试图模仿人的手写体。通常，它们主要由曲线和 Serif 字体中没有的笔画装饰组成。例如，大写 A 在其左腿底部可能有一个小弯，或者完全由花体部分和小的弯曲部分组成。Cursive 字体的例子包括 Zapf Chancery、Author 和 Comic Sans。

（5）Fantasy 字体

这些字体无法用任何特征来定义，只有一点是确定的，那就是无法很容易地将其规划到任何一种其他的字体系列当中。这样的字体包括 Western、Woodblock 和 Klingon。

设计师在设置字体时应注意以下几个问题：

• 为了确保所有浏览者都能在计算机上正确显示字体，建议使用系统默认字体，如中文的宋体、新宋体或微软雅黑，英文的 Arial 等。这样保证浏览者在系统字体缺乏时，浏览器也能正确解析并显示文字。

• 可以直接使用通用字体，浏览器会在通用字体范围内选择一种具体字体来显示，但会有显示效果差异，因此建议将通用字体放到最后一个选项使用。

• 通用字体是针对英文字体而定义的，对中文汉字的影响存在差异，因此，在设置中文字体时应选择中文字体的宋体或新宋体。

• 如果一种字体的名称中有空格，如 Times New Roman，在 CSS 中定义时要用双引号包含该字体名称，例如：

```
body{
font-family:"Times New Roman",Times,serif;
}
```

2. 字体大小

CSS 规范根据长度，即水平和垂直尺寸来定义字体大小。CSS 定义 font-size 属性设置文本的大小。需注意，实际上它设置的是字体中字符框的高度，实际的字符字形可能比这些框高或矮（通常会矮）。

定义字体大小声明如下：

```
font-size:24px;
```

管理文本的大小对版式设计很重要。但是，不应当通过调整文本大小使段落看上去像标题，或者使标题看上去像段落。请始终使用正确的 HTML 标题，比如使用<h1>～<h6>来标记标题，使用<p>来标记段落。

CSS 规范了两种单位类型：绝对单位和相对单位。（在 2.1.3 CSS 属性值中有该部分的详细介绍。）绝对单位，如 mm（毫米）、cm（厘米）、in（英寸）、pt（点或磅）、pc（12 点活字）。相对单位，如 em（相对父元素的文字大小）、ex（相对于特定字体中的字母 x 的高度）、px（相对于特定设备的分辨率）。

常用设置字体大小方法是使用像素来设置字体大小。

通过像素设置文本大小，可以对文本大小进行完全控制：

```
h1{font-size:60px;}
h2{font-size:40px;}
p{font-size:14px;}
```

在 Firefox，Chrome 和 Safari 中，可以重新调整以上例子的文本大小，但是在 Internet Explorer 中不行。

虽然可以通过浏览器的缩放工具调整文本大小，但是这实际上是对整个页面的调整，而不仅限于文本。

（3）使用 em 来设置字体大小

如果要避免在 Internet Explorer 中无法调整文本的问题，许多开发者使用 em 单位代替 px。

```
h1{font-size:3.75em;}    /* 60px/16 = 3.75em */
h2{font-size:2.5em;}     /* 40px/16 = 2.5em */
p{font-size:0.875em;}    /* 14px/16 = 0.875em */
```

此段样式片段中以 em 为单位的文本大小与前一个样式片段中以 px 计的文本是相同的。不过，如果使用 em 单位，则可以在所有浏览器中调整文本大小。

W3C 推荐使用 em 尺寸单位。不幸的是，在 IE 中仍存在问题。在重设文本大小时，会比正常的尺寸更大或更小。

（4）结合使用百分比和 em

在所有浏览器中均有效的方案是为 body 元素（父元素）以百分比设置默认的 font-size 值：

```
body{font-size:100%;}
h1{font-size:3.75em;}
h2{font-size:2.5em;}
p{font-size:0.875em;}
```

上面样式片段非常有效。在所有浏览器中，可以显示相同的文本大小，并允许所有浏览器缩放文本的大小。

（5）使用关键字控制字体大小

CSS 定义 font-size 属性时可以使用关键字，使用关键字也可以缩放字体，这些关键字没有精确的定义，但它们能根据标准设置字体的绝对大小和相对大小。

（6）使用绝对大小的关键字（表 2-6）

表 2-6　**font-size 属性关键字**

关键字	缩放因子为 1.5（根据 CSS1 标准）	缩放因子为 1.2（根据 CSS2 标准）
xx-small	4 px	9 px
x-small	7 px	11 px
small	10 px	13 px
medium	16 px	16 px
large	24 px	19 px
x-large	36 px	23 px
xx-large	54 px	27 px

通常，这些关键字在浏览器中被提前计算，计算后不会再发生变化。因此使用关键字也有一定局限性，缺乏灵活性。

（7）使用相对大小的关键字

关键字 larger 和 smaller 可以根据父元素的字体大小来定义当前字体变大或变小，其缩放因子与上面提到的绝对大小的缩放因子不同，虽然 W3C 组织规定如果父元素字体大小为 medium，则定义为 larger 子元素字体大小就是 large。实际上，不同浏览器对这条规则定的解析不同。如父元素为 16 px，子元素字体为 larger，则在 IE 中子元素字体实际显示大小为 24 px（1.5 倍的缩放因子）；在 Firefox 中子元素字体实际显示大小为 18 px；在 Opera 中子元素字体实际显示大小为 19 px（1.2 的缩放因子）。它们没有统一、固定的缩放因子，可以自行验证。

使用相对大小关键字的最大好处是，可以不必拘束在绝对尺寸的范围内，具有更大的灵活性。

（8）关于默认值

为了减小系统之间的字体显示差异，IE、Netscape 和 Mozilla 浏览器制造商于 1999 年共同规定 16 px/96 ppi 为标准字体大小默认值。即，不显示定义网页的字体大小时，网页文档会自动显示为 16 px，且在各浏览器中显示的结果是一致的。

3. 字体颜色

在网页设计中，设计师可以为文字、文字连接、已访问连接和当前活动连接选用各种颜色。

在 CSS 中设置字体颜色最简单的方法是使用 color 属性，例如：

h1,h2,h3,h4,h5,h6{/＊定义标题字体颜色为红色＊/

color:red;

}

关于颜色值的介绍请参考 2.1.3 CSS 属性值的颜色值内容。

4. 字 体 样 式

（1）font-style 属性

CSS 用 font-style 属性定义字体的风格。该属性设置使用斜体、倾斜或正常字体。斜体字体通常定义为字体系列中的一个单独的字体。理论上讲，用户代理可以根据正常字体计算一个斜体字体。

表 2-7　font-style 属性值

值	描述	值	描述
normal	默认值。浏览器显示一个标准的字体样式	oblique	浏览器会显示一个倾斜的字体样式
italic	浏览器会显示一个斜体的字体样式	inherit	规定应该从父元素继承字体样式

font-style 属性值为 italic 或 oblique 时，在浏览器预览的效果是一样的，那这两者的区别是什么呢？

从预览效果看不出有什么区别，其实从上表中的定义就可以看出了，italic 是字体的一个属性，也就是说并非所有字体都有这个 italic 属性，对于没有 italic 属性的字体，可以使用 oblique 将该字体进行倾斜设置。

一般字体有粗体、斜体、下划线、删除线等诸多属性。但是并不是所有的字体都有这些属性。一些不常用的字体，或许就只有个正常体，如果使用 italic 发现字体没有斜体效果，这个时候就要用 oblique。

可以这样理解：有些文字有斜体属性，也有些文字没有斜体属性。italic 是使用文字的斜体，oblique 是让没有斜体属性的文字倾斜。

（2）font-weight 属性

CSS 通过定义 font-weight 属性的方式设置粗体，如下面样式片段：

```
h1{/* 给标题文字加粗 */
font-weight:bold;
}
```

CSS 提供了多个 font-weight 属性值，如表 2-8 所示。

表 2-8　font-weight 属性值

值	描述
normal	默认值。定义标准的字符
bold	定义粗体字符
bolder	定义更粗的字符
lighter	定义更细的字符
100、200、300、400、500、600、700、800、900	定义由粗到细的字符。400 等同于 normal，而 700 等同于 bold
inherit	规定应该从父元素继承字体的粗细

在 CSS 规范中，字体粗细被分为 9 个等级，分别从 100 到 900，其中 100 是最轻的字体变形，900 是最重的字体变形。但，这些数字并不存在本质的字体粗细约定，根据 CSS 规定，每个数字对应的字体粗细不得小于较小数字对应的字体粗细。数字值 400 相当于关键字 normal，700 等价于 bold。不过，有些字体没能提供 9 个等级的字体粗细等级，这时浏览器就会根据就近原则进行解析。

如果设置字体粗细为 bolder 关键字，则浏览器会根据父元素字体的粗细，选择最接近的一种，而且显示为更粗一些的字体；如果没有可用字体，浏览器会将元素字体粗细设置为下一个数字值，如果为 900，则保持不变；与此相反，lighter 关键字会根据父元素字体的粗细设置较细的字体。

（3）font-variant 属性

设置字体变形可以使用 font-variant 属性定义，如下面样式片段：

```
.variant{/* 设置变形 */
font-variant:small-caps;
}
```

该属性取值包括 normal 和 small-caps，其中 normal 表示不同文本，而 small-caps 表示小型大写字母文本。一般用来设置英文字母大小写，不适合汉字使用。

（4）font 通用属性

在实际应用中，一般直接定义 font 属性，该属性可以设置所有字体属性，包括：字体、字体大小、行间距、粗体、斜体和变形。如下面样式片段：

```
p{/*定义字体属性：粗体、斜体、字号 12px、行间距 1.2em、字体宋体和微软雅黑。*/
font:bold italic 12px/1.2em"宋体","微软雅黑";
}
```

在 font 属性定义通用属性时，其中字体大小和字体系列必须设置，且位置固定不变，一般位于最后。font 属性的前三个值可以自由设置，包括：斜体、变形、粗体。

行间距为段落格式属性，一般使用 line-height 属性来实现，但也可以在 font 属性中写为"12 px/1.2 em"，即字号大小后用斜杠隔开写行间距值。

2.3.2　段落

说道段落排版，很自然的会想到 Microsoft Word 软件，它排版方面的功能被人们所熟知，CSS 也提供了一些相同的排版功能。

1. 缩进 text-indent 属性

在 Microsoft Word 中缩进包括：左缩进、右缩进、首行缩进和悬挂缩进。CSS 规则中多使用 padding-left 和 padding-right 来实现左右缩进。悬挂缩进使用比较少，在 CSS 中没有直接的属性可选用。不过使用 text-indent 属性能够实现首行缩进和悬挂缩进的效果。如下面代码 2-13 所示。

代码 2-13　段落排版中的缩进

```
…
<title>段落排版 - 缩进</title>
<style type = "text/css">
p{                        /*定义段落字体大小*/
        font-size:12px;
}
.parag1{                  /*定义段落 1 格式，首行缩进和左右缩进*/
        text-indent:2em;   /*首行缩进 2 个字*/
        padding:0px 2em;   /*左右缩进 2 个字*/
        border:1px solid #ccc;
        }
.parag2{                  /*定义段落 2 格式，悬挂缩进*/
        text-indent: - 2em; /*首行凸出 2 个字*/
        padding-left:2em;  /*左侧内边距 2 个字*/
        }
</style>
</head>
<body>
```

<p class = "parag1">通常 text-indent 缩进属性将对段落首行开头文本文字进行缩进显示。如果使用 html br 换行标签，第二个换行开始也不会出现缩进效果。如果使用了 html P 段落标签段落换行，将会出现每个 p 段落换行开头都将缩进，这里我们给大家通过案例演示

给大家,希望通过 DIVCSS5 案例掌握 CSS text-indent 缩进样式。</p>

　　<p class = "parag2">The CSS community has gained significant experience with the CSS2 specification since it became a recommendation in 1998. Errors in the CSS2 specification have subsequently been corrected via the publication of various errata, but there has not yet been an opportunity for the specification to be changed based on experience gained. </p>

　　</body>

　　</html>

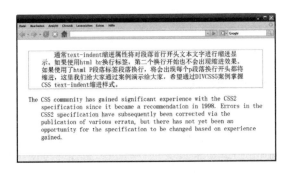

图 2-18　段落排版中的缩进效果

　　使用 text-indent 属性时应注意以下几点:

　　• text-indent 属性适用于块元素,如 p、div、h1～h6 等,但不适用于内联元素,如 span、a 等,也不适用于替换元素,如 img。

　　• text-indent 属性可以取负值,但应用与外边距和内边距配合使用,避免凸出的文字被遮盖掉。

　　• text-indent 属性可以使用长度单位。使用百分比时,将以父元素的宽度为基础进行取值。

　　• text-indent 属性只对第一行起作用,不受换行符
的影响。如果在第一行增加
,将对空白行起作用。

2. 对齐方式

　　对齐方式包括水平对齐和垂直对齐。一般段落文本的水平对齐用 text-align 属性来实现,各浏览器对此支持标准是统一的。取值包括:左对齐 left、居中对齐 center、右对齐 right 和两端对齐 justify。

代码 2-14　段落排版的对齐方式-两端对齐

```
..
<title>段落排版－对齐方式</title>
<style type = "text/css">
p{        /＊定义段落格式＊/
        font-size:12px;
        border:1px solid ＃ccc;
}
.parag1{/＊中文两端对齐＊/
```

```
        text-align:justify;
        }
.parag2{/＊英文两端对齐＊/
        text-align:justify;
        }
</style>
</head>
<body>
<p class="parag1">通常 text-indent 缩进属性将对段落首行开头文本文字进行缩进
```

显示。如果使用 html br 换行标签，第二个换行开始也不会出现缩进效果。如果使用了 html P 段落标签段落换行，将会出现每个 p 段落换行开头都将缩进，这里我们给大家通过案例演示给大家，希望通过 DIVCSS5 案例掌握 CSS text-indent 缩进样式。</p>

```
<p class="parag2">The CSS community has gained significant experience with the CSS2
```
specification since it became a recommendation in 1998. Errors in the CSS2 specification have subsequently been corrected via the publication of various errata，but there has not yet been an opportunity for the specification to be changed based on experience gained.</p>

```
</body>
</html>
```

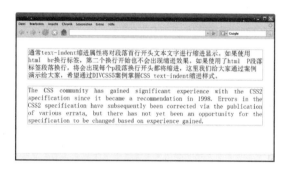

图 2-19　段落排版的对齐方式－两端对齐效果

3. 行间距 line-height 属性

CSS 使用 line-height 属性设置段落的行间距。行间距取决于字体大小，一般字体字号小一点需要大一点的行间距，以便于阅读。特别是中文字体在版式设计上要注意字号大小和行间距的设计关系。一般 line-height 在网页设计中应该是字体大小的 1.2～2 倍。下面请看代码 2-15 line-height 行间距示例：

<p align="center">**代码 2-15　line-height 行间距示例**</p>

```
…
<title>line-height 行间距示例</title>
<style type="text/css">
#parag1{
        font-size:10px;
```

```
        line-height:2em;
        }
#parag2{
        font-size:12px;
        line-height:1.8em;
        }
#parag3{
        font-size:14px;
        line-height:160%;
        }
#parag4{
        font-size:16px;
        line-height:140%;
        }
#parag5{
        font-size:18px;
        line-height:1.2em;
        }
#font{
        font-size:60px;
        color:red;
        }
</style>
</head>
<body>
<p id="parag1">①
所有浏览器都支持 line-height 属性。
</p>
<p id="parag2">②
<span id="font">line-height</span>属性设置行间的距离(行高)。
</p>
<p id="parag3">③
不允许使用负值。
</p>
<p id="parag4">④
```

该属性会影响行框的布局。在应用到一个块级元素时,它定义了该元素中基线之间的最小距离而不是最大距离。line-height 与 font-size 的计算值之差(在 CSS 中成为"行间距")分为两半,分别加到一个文本行内容的顶部和底部。可以包含这些内容的最小框就是行框。

```
</p>
<p id="parag5">⑤
```

任何的版本的 Internet Explorer(包括 IE8)都不支持属性值"inherit"。

</p>

</body>

</html>

图 2-20　line-height 行间距显示效果

line-height 的属性取值可以是任意长度单位，但习惯使用百分比和 em，它们都是基于字体大小取值的。行距一般被分成两半，即字体的顶部和底部，构成完整的内容框。例如，字体大小为 12 px，行间距为 24 px，则字体上边空隙为 6 px，下边的空隙为 6 px。

如果设置 normal 关键字，或没有设置行间距，则浏览器默认行间距为字体大小的 1 或 1.2 倍。

行间距可以继承，建议多使用百分比或 em 取值，这样能够适应屏幕大小的字体，显示行间距与字体大小成比例变化，特别是需要页面适应跨平台显示时。

另外，行间距不能为负值，如果为负值，浏览器会默认显示行间距，一般为 1 em 或 1.2 em，如果取 0，则上下行文字会重叠在一起。

当段落内插入图像或设置内联元素的高度超过行间距，实际显示行间距可能超出行间距，不过段落行间距保持不变。

4. 字间距 letter-spacing 和 word-spacing 属性

CSS 使用 letter-spacing 属性定义字间距，使用 word-spacing 属性定义词间距。这两个属性的取值都是长度值，由浮点数字和单位标识符组成，既可以用绝对值也可以用相对值，默认为 normal，表示默认间隔。

定义词间距时，以空格为判定间隔标准，如果多个词未用空格间隔而连在一起，则 word-spacing 属性视其为一个单词。如果汉字被空格间隔，则分隔的多个汉字被视为不同"单词"，word-spacing 属性此时有效。

代码 2-16　letter-spacing 和 word-spacing 属性示例

```
<!DOCTYPE html PUBLIC" - //W3C//DTD XHTML1.0 Transitional//EN""http://www.w3.org/TR/xhtml1/DTD/xhtml1-transitional.dtd">
<html xmlns = "http://www.w3.org/1999/xhtml">
<head>
<meta http-equiv = "Content-Type"  content = "text/html;charset = utf-8"/>
<title>代码 2-16 letter-spacing 和 word-spacing 属性示例</title>
<style type = "text/css">
```

```
.lspacing{letter-spacing:1em;}
.wspacing{word-spacing:1em;}
</style>
</head>
<body>
<p class="lspacing">letter spacing 字间距</p>
<p class="wspacing">word spacing 词间距</p>
</body>
</html>
```

图 2-21　letter-spacing 和 word-spacing 属性显示效果

从图 2-21 可以直观地看到，字间距就是定义字母间的间距，而词间距是定义西文单词的间距。

💡 提示：字间距和词间距一般很少使用，使用时应慎重考虑用户的阅读习惯和感受。对于中文用户来说，letter-spacing 属性有效，而 word-spacing 属性无效。

5. 字母大小写 text-transform 属性

text-transform 属性检索或设置对象中的文本的大小写。这个属性会改变元素中的字母大小写，而不论源文档中文本的大小写。但只对英文起作用，对于汉字时失效。

表 2-9　text-transform 属性值

值	描述
none	默认，定义带有小写字母和大写字母的标准的文本
capitalize	文本中的每个单词以大写字母开头
uppercase	定义仅有大写字母
lowercase	定义无大写字母，仅有小写字母
inherit	规定应该从父元素继承 text-transform 属性的值

💡 提示：任何的版本的 Internet Explorer（包括 IE8）都不支持属性值" inherit"。

如果值为 capitalize，则要对某些字母大写，但是并没有明确定义如何确定哪些字母要大写，这取决于浏览器如何识别出各个"词"。不同的浏览器可能会用不同的方法来确定单词从哪里开始，相应地确定哪些字母要大写。例如，文本" text-transform"可以用两种方式显示:" Text-transform" 和" Text-Transform"。CSS 并没有规定哪一种是正确的，所以这两种都是可以的。

代码 2-17　text-transform 属性示例

```
<!DOCTYPE html PUBLIC" -//W3C//DTD XHTML1.0 Transitional//EN""http://www.w3.
org/TR/xhtml1/DTD/xhtml1-transitional.dtd">
```

```
<html xmlns = "http://www.w3.org/1999/xhtml">
<head>
<meta http-equiv = "Content-Type"  content = "text/html;charset = utf-8"/>
<title>代码 2-17 text-transform 属性示例</title>
<style type = "text/css">
    h1{text-transform:uppercase}
    p.uppercase{text-transform:uppercase}
    p.lowercase{text-transform:lowercase}
    p.capitalize{text-transform:capitalize}
</style>
</head>
<body>
<h1>This Is An H1 Element</h1>
<p class = "uppercase">This is some text in a paragraph.</p>
<p class = "lowercase">This is some text in a paragraph.</p>
<p class = "capitalize">This is some text in a paragraph.</p>
</body>
</html>
```

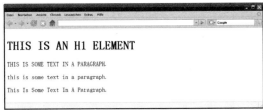

图 2-22　text-transform 属性示例显示效果

提示：text-transform 和 font-variant 都能把英文文本转换大小写。但是 font-variant 唯一的作用就是把英文文本转换成"小型"大写字母文本，注意这是"小型"的。一般极少用到 font-variant 属性，对于英文的大小写转换，我们用的是 text-transform 属性，而不是用 font-variant 属性。

6. 文本修饰 text-decoration 属性

text-decoration 属性规定添加到文本的修饰。修饰的颜色由"color"属性设置。所有主流浏览器都支持 text-decoration 属性（表 2-10）。

表 2-10　text-decoration 属性值

值	描述	值	描述
none	默认，定义标准的文本	line-through	定义穿过文本下的一条线
underline	定义文本下的一条线	blink	定义闪烁的文本
overline	定义文本上的一条线	inherit	规定应该从父元素继承 text-decoration 属性的值

这个属性允许对文本设置某种效果，如加下划线。如果后代元素没有自己的装饰，祖先元素上设置的装饰会"延伸"到后代元素中。不要求浏览器支持 blink。

提示：任何的版本的 Internet Explorer（包括 IE8）都不支持属性值"inherit"。IE、Chrome 或 Safari 不支持"blink"属性值。

代码 2-18　text-decoration 属性示例

```
<!DOCTYPE html PUBLIC" - //W3C//DTD XHTML1.0 Transitional//EN""http://www.w3.
org/TR/xhtml1/DTD/xhtml1-transitional.dtd">
<html xmlns = "http://www.w3.org/1999/xhtml">
<head>
<meta http-equiv = "Content-Type"　content = "text/html;charset = utf - 8"/>
<title>代码 2-18 text-decoration 属性示例</title>
<style type = "text/css">
h1{text-decoration:overline}
h2{text-decoration:line-through}
h3{text-decoration:underline}
h4{text-decoration:blink}
a{text-decoration:none}
</style>
</head>
<body
<h1>这是标题 1</h1>
<h2>这是标题 2</h2>
<h3>这是标题 3</h3>
<h4>这是标题 4</h4>
<p><a href = "http://www.ccbupt.cn">这是一个链接</a></p>
</body>
</html>
```

图 2-23　text-decoration 属性示例显示效果

2.3.3　列表

列表在网页布局和排版方面都具有强大的功能，网页布局中列表多用于多行单列的标题信息的排列。在标准网页布局下，CSS 定义了强大的列表属性，浏览器对 CSS 列表属性空前支持，因此列表可以配合 div 元素实现更多的网页布局。

1. XHTML 列表类型

在第 1 章的 1.2.2 常用 XHTML 标签中介绍了＜ul＞无序列表、＜ol＞有序列表、＜li＞列表项标签的基本概念。

无序列表用符号标记每个列表项，无序列表用＜ul＞元素表示，每个列表项用＜li＞元素表示，一般网页都使用这种列表样式，如下面代码片段：

＜ul＞

＜li＞无序列表＜/li＞

＜li＞无序列表＜/li＞

＜li＞无序列表＜/li＞

＜/ul＞

有序列表用数字标记每个列表项，有序列表用＜ol＞元素表示，每个列表项用＜li＞元素表示，一般网页都使用这种列表样式，如下面代码片段：

＜ol＞

＜li＞有序列表＜/li＞

＜li＞有序列表＜/li＞

＜li＞有序列表＜/li＞

＜/ol＞

2. CSS 列表属性

CSS2 提供了 4 个列表类属性，如表 2-11 所示。

表 2-11　列表属性

属性	取值	说明
list-style-type	none 无标记。 disc 默认。标记是实心圆。 circle 标记是空心圆。 square 标记是实心方块。 decimal 标记是数字。 decimal-leading-zero 0 开头的数字标记。（01，02，03 等。） lower-roman 小写罗马数字（i，ii，iii，iv，v 等。） upper-roman 大写罗马数字（I，II，III，IV，V 等。） lower-alpha 小写英文字母 The marker is lower-alpha（a，b，c，d，e 等。） upper-alpha 大写英文字母 The marker is upper-alpha（A，B，C，D，E 等。） lower-greek 小写希腊字母（alpha，beta，gamma 等。） lower-latin 小写拉丁字母（a，b，c，d，e 等。） upper-latin 大写拉丁字母（A，B，C，D，E，等）	定义列表项目符号，默认为实心圆 disc。当定义 list-style-image 属性的有效地址后，该属性显示无效
list-style-image	URL 图像的路径。 none 默认。无图形被显示。 inherit 规定应该从父元素继承 list-style-image 属性的值	定义列表项目定义列表项目符号的图像。默认为不指定列表项目符号的图像

续表

属性	取值	说明
list-style-position	inside 列表项目标记放置在文本以内，且环绕文本根据标记对齐。 outside 默认值。保持标记位于文本的左侧。列表项目标记放置在文本以外，且环绕文本不根据标记对齐。 inherit 规定应该从父元素继承 list-style-position 属性的值	符号的显示位置，默认值为 outside
list-style	可以自由设置列表项符号样式、位置和图像。 当 list-style-image 和 list-style-type 都被指定了，list-style-image 将获得优先权。 除非 list-style-image 设置为 none 或指定 url 地址的图像不能被显示	综合设置列表项目相关样式

3. 列表版式示例

（1）单列多行列表

如图 2-24 单列多行列表显示效果所示，当鼠标经过列表项时会自动在右侧显示提示信息。

图 2-24　单列多行列表显示效果

代码 2-19（a）　单列多行列表示例-XHTML 结构代码

...

```
<body>
<div id="listbar">
<h2>列表标题</h2>
<ul>
<li><a href="#"><span class="leftlink">列表项 1</span><span class=rightlink>1.0</span></a></li>
<li><a href="#"><span class="leftlink">列表项 2</span><span class=rightlink>2.0</span></a></li>
<li><a href="#"><span class="leftlink">列表项 3</span><span class=rightlink>3.0</span></a></li>
<li><a href="#"><span class="leftlink">列表项 4</span><span class=rightlink>4.0</span></a></li>
<li><a href="#"><span class="leftlink">列表项 5</span><span class=rightlink>5.0</span></a></li>
<li><a href="#"><span class="leftlink">列表项 6</span><span class=
```

```
rightlink＞6.0＜/span＞＜/a＞＜/li＞
    ＜li id = "all"＞＜a href = "#"＞更多＞＞＜/a＞＜/li＞
    ＜/ul＞
    ＜/div＞
    ＜/body＞
    ...
```

代码 2-19（b）　单列多行列表示例-CSS 代码

```
...
＜style type = "text/css"＞
#listbar {/ * 定义列表外边框属性 * /
        width:180px;
        overflow:hidden;/ * 定义当列表项内容超出外边框将被隐藏 * /
        font-size:14px;
}
#listbar h2 {/ * 定义列表外边框属性 * /
        padding-bottom:2px;
        margin-bottom:12px;/ * 定义底外边界的高,标题元素上下外边界值默认为字
                            体大小。 * /
        border-bottom:#d5d7d0 1px solid;
        text-align:center;
        width:100%;
        color:#a21;
        font:16px"trebuchet ms",verdana,sans-serif;
}
#listbar ul {        / * 定义列表属性 * /
        padding:0;    / * 清除非 IE 中的默认值,默认缩进 3 个字大小左右。 * /
        margin:0px;   / * 清除 IE 中的默认值,默认缩进 3 个字大小左右。 * /
        list-style-type:none;/ * 清除列表项前的默认标记样式 * /
        overflow:auto;/ * 解决非 IE 中列表框不同,自动跟随列表项伸缩问题。 * /
}
#listbar ul li {       / * 定义列表项属性 * /
        margin:0;      / * 可选,清除早期版本浏览器默认样式。 * /
        padding:0;     / * 可选,清除早起版本浏览器默认样式。 * /
        display:block;/ * 块状显示,实现边框样式的显示,否则列表项显示状态下,有
                        些设置无效,如定义的下边框。 * /
        clear:both;    / * 清除列表项并列显示。 * /
        overflow:auto;/ * 解决非 IE 中列表项不同,自动跟随列表项伸缩问题。 * /
        border:solid #fff 1px;
}
#listbar ul li a {      / * 定义列表项超链接属性, * /
```

```
            margin:0;
            padding:0;
            display:block;
            overflow:auto;
            border-bottom:#d5d7d0 1px solid;
            text-decoration:none;/*清除超链接下划线*/
            cursor:pointer;        /*定义鼠标类型,显示为手型。*/
            color:#9a1;
    }
    .leftlink {                    /*列表项左侧,span 元素属性。*/
            float:left;
            clear:left;
    }
    .rightlink {                   /*列表项右侧,span 元素属性*/
            font-weight:bold;
            float:right;
            visibility:hidden;    /*初始显示为隐藏右侧元素内容。*/
    }
    #listbar ul li a:hover {      /*定义鼠标滑过列表项时,左侧 span 元素显示样式。*/
            background:#fafdf4;
            border-bottom-color:#c3b9a2;
            color:#a21;
    }
    #listbar ul li a:hover span.rightlink {/*定义鼠标滑过列表项时,右侧 span 元素显
                                          示样式。*/
            visibility:visible;  /*鼠标经过列表项时,显示右侧 span 元素内信息。*/
            color:#555555;
    }
    #all {                        /*定义最后一项列表项显示的样式。*/
            text-align:right;
            font-weight:bold;
            font-size:12px;
    }
</style>
...
```

（2）列表项行内显示。

列表默认以单列垂直显示，也可以在行内并列显示。如代码 2-20 所示。

代码 2-20　列表项行内显示

```
...
<title>代码 2-20列表项行内显示</title>
```

```
<style type = "text/css">
.footer {                        /* 定义底部区块宽 */
      width:100%;
}
.footer ul{                      /* 定义列表样式 */
      list-style:none              /* 清楚列表项符号 */
      margin:0px;                  /* 清除 IE 缩进格式 */
      padding:0px;                 /* 清除非 IE 缩进格式 */
      text-align:center;           /* 使列表居中显示 */
}
.footer li{                      /* 定义列表项样式 */
      display:inline;              /* 定义列表项为行内元素,使列表项行内显示。 */
      }
.footer a{                       /* 定义列表项文字链接样式 */
      text-decoration:none;      /* 清除链接默认的下划线 */
      }
.footer .f_nav{                  /* 定义菜单样式细节 */
      line-height:32px;          /* 通过定义行高控制列表菜单的上下间隙。 */
      }
</style>
</head>
<body>
<div class = "footer">
<ul>
<li class = "f_nav"><a href = "#">关于我们  |</a></li>
<li class = "f_nav"><a href = "#">联系我们  |</a></li>
<li class = "f_nav"><a href = "#">广告服务  |</a></li>
<li class = "f_nav"><a href = "#">版权声明  |</a></li>
<li class = "f_nav"><a href = "#">网站地图</a></li></ul>
</div>
</body>
</html>
```

图 2-25　列表项行内显示效果

从代码 2-20 可以看到编码 " " 这是 HTML 特殊字符编码,代表 "空格"。在 IE 中竖线的显示会偏向左侧,解决办法就是在竖线左侧加一个空格,但各个浏览器对空格解析的宽度不同，因此采用 HTML 特殊字符编码的空格编码 " "，来解决这个问题。

（3）列表符号个性显示

CSS 定义的列表项符号比较单一，设计师一般都用自定义的图标代替预定义的符号标记，一般多采用 background 属性来进行控制。

代码 2-21　列表符号的个性显示

```
...
<title>代码 2-21 列表符号的个性显示</title>
<style type = "text/css">
.book{/ * 定义区块宽 * /
    width:200px;
}
.book ul{/ * 定义列表样式 * /
    list-style:none;
    margin:0px;
    padding:0px;
    }
.book li{
    background:url(icon. gif)0px 5px no-repeat;/ * 应用 background 控制自定义符
号,url 定义元素背景图像地址,0px 表示 x 轴上离元素左上角的距离,5px 表示 y 轴上离元素
左上角的距离,no-repeat 表示图像不平铺显示。 * /
    padding-left:20px;        / * 左内边距控制自定义符号显示空间 * /
}
.book a{                      / * 定义列表项文字链接样式 * /
    text-decoration:none;     / * 清除链接默认的下划线 * /
    color:red;
    }
</style>
</head>
<body>
<div class = "book">
<ul>
<li><a href = "#">网页设计技术</a></li>
<li><a href = "#">HTML + CSS</a></li>
<li><a href = "#">HTML5 + CSS3</a></li>
</ul>
</div>
</body>
</html>
```

图 2-26　列表符号的个性显示效果

列表有控制自定义符号的属性，list-style-image 属性。该属性可以简单地控制自定义项目符号，但有很多缺点，无法控制符号位置。虽然可以使用 list-style-position 属性定义符号位置，但精确性和灵活性都明显不足，因此使用 background 属性设置自定义符号能更灵活、有效。

2.3.4　格式化排版案例

以第 2 章的 2.2.5 使用盒模型实现简单网页布局中的"北京邮电大学世纪学院网站首页"为例，结合 2.3 CSS 格式化排版的内容，应用列表元素实现网页导航和网页新闻列表的应用。代码如下：

代码 2-22　北京邮电大学世纪学院网站首页-列表元素应用

```
<!DOCTYPE html PUBLIC" - //W3C//DTD XHTML1.0 Transitional//EN""http://www.w3.
org/TR/xhtml1/DTD/xhtml1-transitional.dtd">
<html xmlns = "http://www.w3.org/1999/xhtml">
<head>
<meta http-equiv = "Content-Type"　content = "text/html;charset = utf - 8"/>
<title>代码 2-22 北京邮电大学世纪学院网站首页-列表元素应用</title>
<style type = "text/css">
body{
        margin-top:0px;                 /*清除结构模块与浏览器间的间距*/
        background:url(images/bg.jpg)repeat-x;
        }
.clear{overflow:auto;_height:1%;} /*清除浮动*/
div{
        width:1002px;
        height:100%;
        margin:0px auto;                /*设定所有模块在浏览器中居中显示*/*/
        color:black;                    /*字体颜色*/
        text-align:center;              /*文本居中显示*/
        line-height:20px;               /*文本行间距*/
        font-size:14px;                 /*字号大小*/
        font-family:宋体;               /*字体*/
        }
```

```
#header{height:125px;background:url(images/header.jpg)  no-repeat;}
#header .logo{float:left;width:412px;height:71px;}
#header .motto_search{float:left;width:203px;height:71px;margin-left:300px;}
#header .E_C{float:left;width:71px;height:71px;margin-left:4px;}
/*列表实现导航效果*/
#nav{height:29px;background:url(images/nav_bg.jpg)  no-repeat;}
#nav ul{margin:0px;padding:0px;list-style:none;}
#nav ul li{float:left;color:#fff;width:80px;height:20px;line-height:20px;
margin-left:10px;}
#banner{height:261px;}
#news{height:284px;background:url(images/news_bg.jpg)  no-repeat;}
.news_left{float:left;width:220px;height:284px;}
/*列表实现新闻列表*/
#news ul{margin:0px;padding:0px;list-style:none;margin-left:30px;margin-top:75px;}
#news ul li{
        text-align:left;
        background:url(images/ico.gif)  0px 10px no-repeat;/*列表图标*/
        overflow:hidden;
        white-space:nowrap;
        text-overflow:ellipsis;/*标题超出部分为"..."*/
        line-height:22px;
        font-size:10px;
        color:#333;
        padding-left:15px;
        margin-top:3px;
        }
#news ul li a{text-decoration:none;color:#555;font-size:12px;}
#news ul li a:hover{color:red;}
.news_middle{float:left;width:280px;height:284px;margin-left:230px;}
.news_right{float:left;width:100px;height:284px;margin-left:10px;}
#fast-nav{height:159px;background:url(images/fast-nav_bg.jpg)  no-repeat;}
#footer{height:188px;background:url(images/footer_bg.jpg)  no-repeat;}
</style>
</head>

<body>
<div id="header"  class="clear"><!--[一级结构,头部区域]-->
<div class="logo"><!--[二级结构,网站标识]--></div>
<div class="motto_search"><!--[二级结构,校训+搜索引擎]--></div>
```

```
<div class = "E_C"><!--[二级结构,中英文]-->中英文</div>
</div><!--[一级结构,头部区域-结束]-->
<div id = "nav"><!--[一级结构,导航区域]-->
<ul class = "clear">
<li>学院概况</li><li>资讯中心</li><li>机构设置</li><li>人才培
养</li><li>人才招聘</li><li>招生就业</li><li>国际交流</li><li>学
生天地</li><li>校园写真</li><li>党建园地</li><li>联系我们 </li>
</ul>
</div>
<div id = "banner"><img src = "images/banner. jpg"  width = "1002"  height = "261"/
></div><!--[一级结构,通栏广告区域]-->
<div id = "news"  class = "clear"><!--[一级结构,新闻区域]-->
<div class = "news_left"><!--[二级结构,公告栏]-->
<ul>
<li><a href = "">关于公布 2014 年度学生科技创新项目结题评审结果的通知</a>
</li>
<li><a href = "">关于 5 月继续开展学生行为习惯督察教育的通知</a></li>
<li><a href = "">第五周抽查学生上课出勤情况通报</a></li>
<li><a href = "">网页设计技术课程进度情况</a></li>
<li><a href = "">网页设计技术实践分享会</a></li>
</ul>
</div>
<div class = "news_middle"><!--[二级结构,综合新闻]-->
<ul>
<li><a href = "">Dreamweaver 设置页面属性后采用 HTML 格式怎么办? </a>
</li>
<li><a href = "">使用 HTML5 Canvas 制作水波纹效果点击图片就会触发</a>
</li>
<li><a href = "">20 款不容错过的 HTML5 工具</a></li>
<li><a href = "">HTML5 标签嵌套规则详解【必看】</a></li>
<li><a href = "">HTML5 移动端手机网站开发流程</a></li>
</ul>
</div>
<div class = "news_right"></div><!--[二级结构,视频新闻]-->
</div><!--[一级结构,新闻区域-结束]-->
<div id = "fast-nav"></div><!--[一级结构,快速通道区域]-->
<div id = "footer"></div><!--[一级结构,版权信息区域]-->
</body>
</html>
```

图 2-27　北京邮电大学世纪学院网站首页-列表元素应用显示效果

2.4　CSS 布局模型

　　所有 CSS 布局技术都应建立在这 4 种概念之上：盒模型、流动、浮动和定位。设计师可以按图索骥，理解 CSS 布局核心概念，最终实现灵活应用。

　　在第 2 章的 2.2 CSS 盒模型中学习了关于盒模型的知识，在此强调以下几点：

　　• margin 和 padding 都是透明的，padding 受背景影响，能够显示背景颜色或背景图像，所以不要误以为 padding 不透明。

　　• border 当被定义为虚线或点线时，在部分浏览器中可以支持 border 区域背景显示，如 IE 和 Netscape 浏览器。

　　• margin 可以定义为负值，border 和 padding 不支持负值。

　　• marging、border 和 padding 都是可选的，它们的默认值为 0。可以单独定义一边或盒子的四边的属性值。

　　• 当 border-style 属性为可见样式时，每一条可见边框都可以定义不同的宽度。

　　• 每个盒子所占页面区域的宽度和高度等于 margin 外延的宽度和高度。盒子大小并不总是内容区域的大小。

　　• 浏览器窗口是所有元素的根元素，也可以说 html 是最大的盒子，也有浏览器把 body 看做最大的盒子。

　　在学习布局模型之前，还需要了解几个概念：

1. 盒模型的类型

　　CSS 把盒模型分为两种基本形态：block（块状）和 inline（内联，也翻译为"行内"）。在默认情况下块状元素的宽度为 100%，且自带独占一行属性。符合标准的块状元素如表 2-12 所示。

表 2-12　常用块状元素

块状元素	说明
address	表示特定信息，如地址、签名、作者、文档信息，一般显示为斜体效果
blockquote	块引用，表示文本中的一段引用语，一般为缩进显示
div	常用块级元素，也是 CSS 布局的主要标签，没有明确语义
dl	定义列表
fieldset	fieldset 元素可将表单内的相关元素分组。＜fieldset＞标签将表单内容的一部分打包，生成一组相关表单的字段
form	交互表单，说明包含的控件是某个表单的组成部分
h1～h6	标题元素，h1 是一级标题，字号最大，依序 h6 级别最小，字号最小
hr	水平分隔线
ol	有序列表
ul	无序列表
li	列表中的一个项目
table	包含内容组成含有行和单元格的表格形式

　　内联元素没有宽度和高度，没有固定形状，内联元素可以在行内自由流动，但它遵循盒模型基本规则，可以定义外边距、内边距、边框和背景，最小单元也呈现为矩形，它显示的宽度和高度根据包含内容的宽度和高度来确定。可以形象的把块元素比作硬木盒，内联元素比作纸袋。符合标准的常用内联元素如表 2-13 所示。

表 2-13　常用内联元素

内联元素	说明	内联元素	说明
a	超链接	input	各种表单输入控件
br	换行符	label	为其他元素指定标签
img	插入图像	select	表示一个列表框或一个下拉框
span	指定内嵌文本容器	textarea	多行文本输入控件

　　盒模型显示类型可以通过 display 属性来定义。任何元素都可以通过 display 属性改变默认显示类型。display 共有 19 个取值，详细如表 2-14 所示。

表 2-14　display 属性取值

取值	描述
none	此元素不会被显示
block	此元素将显示为块级元素，此元素前后会带有换行符
inline	默认。此元素会被显示为内联元素，元素前后没有换行符
inline-block	行内块元素。（CSS2.1 新增的值）
list-item	此元素会作为列表显示
run-in	此元素会根据上下文作为块级元素或内联元素显示

续表

取值	描述
compact	CSS 中有值 compact，不过由于缺乏广泛支持，已经从 CSS2.1 中删除
marker	CSS 中有值 marker，不过由于缺乏广泛支持，已经从 CSS2.1 中删除
table	此元素会作为块级表格来显示（类似<table>），表格前后带有换行符
inline-table	此元素会作为内联表格来显示（类似<table>），表格前后没有换行符
table-row-group	此元素会作为一个或多个行的分组来显示
table-header-group	此元素会作为一个或多个行的分组来显示
table-footer-group	此元素会作为一个或多个行的分组来显示
table-row	此元素会作为一个表格行显示（类似<tr>）
table-column-group	此元素会作为一个或多个列的分组来显示
table-column	此元素会作为一个单元格列显示（类似<col>）
table-cell	此元素会作为一个表格单元格显示（类似<td>）
table-caption	此元素会作为一个表格标题显示
inherit	规定应该从父元素继承 display 属性的值

更详细的说明可以参考 CSS 参考手册。

2. 包含块

包含块（Containing Block）是视觉格式化模型的一个重要概念，它与盒模型类似，也可以理解为一个矩形，而这个矩形的作用是为它里面包含的元素提供一个参考，元素的尺寸和位置的计算往往是由该元素所在的包含块决定的。

包含块简单说就是定位参考框，或者定位坐标参考，元素一旦定义了定位显示（position 属性定义相对、绝对、固定定位，详见 2.2.3 层布局）都具有包含块性质，它所包含的定位元素都将以该包含块为坐标进行定位和调整。

包含块，直观的可以参见下面代码 2-23 所示。

代码 2-23　包含块示例

```
...
<title>代码 2-23 包含块示例</title>
<style type = "text/css">
#a,#b{                  /*定义包含元素的共同属性*/
width:200px;
height:200px;
float:left;
margin-top:50px;        /*元素与窗口间距*/
border:1px solid red;   /*边框为 1 像素、实线、红色边框*/
}
#b{                     /*定义包含元素 b 为相对定位,确定它为包含块。*/
position:relative;      /*相对定位*/
```

```
margin-left:50px;              /*拉开与 a 包含元素的间距*/
}
#c,#d{                         /*定义包含块元素绝对定位,并进行偏移*/
width:50%;
height:50%;
position:absolute;             /*绝对定位*/
left:50%;                      /*与包含块左侧边框距离为 50%*/
top:50%;                       /*与包含块顶部边框距离为 50%*/
}
#c{
        background-color:#6CC;
        }
#d{
        background-color:#06C;
        }
</style>
</head>
<body>
<div id="a">
<div id="c"></div>
</div>
<div id="b">
<div id="d"></div>
</div>
</body>
</html>
```

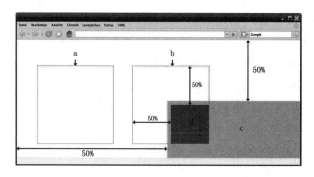

图 2-28　包含块示例效果

在上面的代码 2-23 包含块示例中，构建了两个 div 元素 a 和 b，它们分别包含了一个元素 c 和 d。在样式表中为 a 和 b 定义了基本样式为宽和高为 200 px 的有 1 px 红色边框的正方形；为 c 和 d 定义了背景颜色，c 为浅蓝，d 为深蓝。为 b 定义了相对定位，将它设定为包含块，c 和 d 定义为绝对位置，宽和高为 50%*50%，并都偏移了 50%。

根据图 2-28 所示，d 以 b 为参照物，d 的宽和高为 b 的 50％，位置相对 b 为左侧 50％和顶部 50％；a 不是包含块，则 c 以 body 为参照物，c 的宽和高为 body 的 50％，位置相对 body 为左侧 50％和顶部 50％。

通过上面的示例可以灵活设置绝对定位的坐标原点和它的参考对象，绝对定位打破了固有排列顺序，为复杂布局带来方便。

3. 布局模型概念

CSS 包含了 3 种基本的布局模型：Flow Model 流动布局、Float Model 浮动布局、LayerModel 层布局。

（1）Flow Model 流动布局

流动模型是 HTML 默认布局模型。所谓流动，就如流水一样，元素本身是被动的，它随着文档流自上而下按顺序动态分布。流动布局只能根据元素排列先后顺序来决定布局位置，要改变元素位置只能改变它在 HTML 文档中的位置。流动布局的优势在于元素之间不会存在错位、覆盖等问题，布局简单，符合人的浏览习惯；劣势在于结构简单，不利于页面丰富的艺术表现。

（2）LayerModel 层布局

用 div 元素推出层的概念，希望像图像编辑器那样精确定位网页元素，摆脱 HTML 元素自然流动所带来的弊端，但在网页设计中的应用并没有那么出色。

（3）Float Model 浮动布局

浮动布局是 CSS 推出的一种布局模型，它具有前两种布局的优点，希望在流动和固定之间取得平衡，实现网页布局的自适应能力。

每一种布局模型都有自己独立的规则，下面将详细介绍。

2.4.1　流动布局

1. 流动布局模型的特征

流动（Flow）是默认的网页布局，它具有两个比较典型的特征：

• 块状元素都会在所处的包含元素内自上而下按顺序垂直延伸布局，因为在默认状态下，块状元素的宽度为 100％。实际上，块状元素都会以行的形式占据位置，不管这个元素所包含的内容有多少，也不管元素的宽度被设置的多小。

• 内联元素都会在所处的包含元素内从左到右水平分布显示。这种分布方式被称为文本流，文本流源于文本的从左向右自然流动，超出一行后，会自动从上而下换行显示，然后继续从左到右按顺序流动。

内联元素是可以多行显示的，当宽度受限时，会自动折行。如果定义了内联元素的边框、上下外边距、上下内边距会形成长短不一的边框线和多行外边距和内边距显示效果（有重叠现象）。但如果定义了左右外边距和内边距，则不会多行显示，它们会在内联元素的最开始和最结尾显示，且不会错行。

2. 相对定位流动

当元素定义为相对定位："position：relative"；属性时，它会遵循流动模型布局规则，如下面代码 2-24 相对定位流动效果。

代码 2-24　相对定位流动

```
…
<style type = "text/css">
div{
        border:1px solid red;
        }
h1 {
        background-color:#0CF;
        }
p{
        border-bottom:1px solid #00F;
        position:relative;/ * 设置段落元素为相对定位 * /
        }
</style>
</head>


<body>
<div>
<h1>标题一</h1>
<p>段落文字</p>
<ul>
<li>列表项</li>
<li>列表项</li>
<li>列表项</li>
</ul>
</div>
</body>
</html>
```

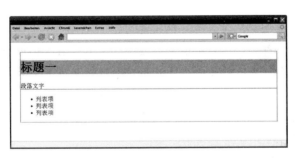

图 2-29　相对定位流动显示效果

这是一个非常重要的特征，在后面的布局中可以利用这一特征来驾驭绝对定位的一些布局难题。

上面的代码 2-24 所示的效果如果再加上坐标值，就会对设置为相对定位元素的位置进行控制，如下给代码 2-24 添加下面代码片段：

```
p{
        border-bottom:1px solid ♯00F;
        position:relative;/＊设置段落元素为相对定位＊/
        left:20px;              /＊以原位置左上角为参考点向右偏移 20 像素＊/
        top:130px;              /＊以原位置左上角为参考点向下偏移 130 像素＊/
}
```

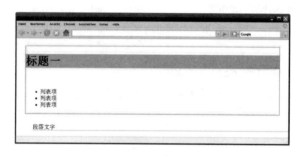

图 2-30　相对定位流动显示效果 2

注意，当定位元素偏移后，它原位置区域保留不变。如果给标题一元素的前面再加一个新的块元素 h2，则设置为相对定位的偏移元素跟随其他流动元素一起向下移动，如图 2-31 相对定位流动显示效果 3 所示。

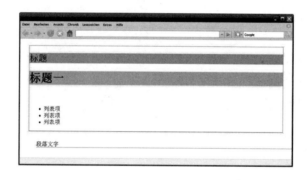

图 2-31　相对定位流动显示效果 3

所谓相对，仅指元素本身位置，对其他元素的位置不会产生任何影响。因此，采用相对定位的元素被定义偏移位置后，不会挤占其他流动元素的位置，但能够覆盖其他元素。元素相互层叠是层布局的基本特征，可见 position 属性定位的元素都会具有层的部分特征。有关相对定位和绝对定位和 position 属性的详细内容请参考 2.4.2 层布局。

2.4.2　层布局

层布局模型源于图形图像编辑器中的图层编辑功能，但在网页设计领域，由于网页大小的活动性，层布局没能受到欢迎。

为了支持层布局模型，CSS 定义了一组定位属性，position 属性的说明请参考 2.1.2 CSS 属性的相关内容。

元素定位的思路是，它允许用户精确定义网页元素的相对位置，这里的相对是指可以相对元素原来显示的位置，或者是相对最近的包含块元素，或者是相对浏览器窗口。

1. 定位类型

position 属性取值包括 static、relative、absolute 和 fixed，具体说明如下：

• static：静态定位。如果你没有设置 position 属性，那么默认就是 static；top，left，bottom，right 属性，在 static 的情况下是无效的，要使用这些属性，必须把 position 设置为其他三个值之一。

• relative：相对定位。元素将按照静态定位时的位置进行调整，在静态定位中分配给元素的空间仍然会分配给它，它两边的元素不会向它靠近来填充那个空间，但它们也不会从元素的新位置被挤走。它是参照父级的原始点为原始点，无父级则以文本流的顺序在上一个元素的底部为原始点，配合 TOP、RIGHT、BOTTOM、LEFT（下面简称 TRBL）进行定位，当父级内有 padding 等 CSS 属性时，当前级的原始点则参照父级内容区的原始点进行定位。

• absolute：绝对定位。它是参照浏览器的左上角，配合 TRBL 进行定位，在没有设定 TRBL，默认依据父级的做标原始点为原始点。如果设定 TRBL 并且父级没有设定 position 属性，那么当前的 absolute 则以浏览器左上角为原始点进行定位，位置将由 TRBL 决定。

• fixed：固定定位。元素将被设置在浏览器上一个固定位置上，不会随其他元素滚动。形象点说，上下拉动滚动条的时候，fixed 的元素在屏幕上的位置不变。需要注意的是 IE6 并不支持此属性。

2. 绝对定位包含块

绝对定位模式是 position 属性取值为 absolute 和 fixed，绝对定位元素以块状显示，同时，它会为所有子元素建立一个包含块，所有被包含元素都以包含块元素作为参照物进行定位，如代码 2-25 绝对定位示例所示。

代码 2-25　绝对定位

```
...
<style type = "text/css">
#contain{
        background-color:#FFC;
        width:700px;
        height:200px;
        border:1px solid red;
        }
#sub_div1{
        background-color:#3CF;
        width:500px;
        height:80px;
        position:absolute;/＊给元素 1 定义绝对位置＊/
        }
```

```
#sub_div1-1{
        background-color:#CCC;
        width:200px;
        height:20px;
        }
#sub_div1-2{
        background-color:#F96;
        width:200px;
        height:20px;
        position:absolute;/*给元素 1 的子元素 1-2 定义绝对位置*/
        top:0px;
        left:100px;
        }
#sub_div2{
        background-color:#0F9;
        width:500px;
        height:80px;
        position:absolute;/*给元素 2 定义绝对位置,且下面属性定义偏移位置。*/
        top:0px;
        left:180px;
        }


</style>
</head>

<body>
<div id="contain">
contain 元素
<div id="sub_div1">
元素 1
<div id="sub_div1-1">元素 1-1</div>
<div id="sub_div1-2">元素 1-2</div>
</div>
<div id="sub_div2">
元素 2
</div>
</div>
</body>
</html>
```

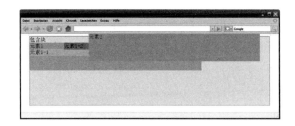

图 2-32　绝对定位显示效果

根据图 2-32 的显示结构可以看到元素 id＝"contain" 为一个包含块，它里面有两个子元素，元素 1 和元素 2。其中元素 1 里又包含两个子元素，元素 1-1 和元素 1-2。

为元素 1 定义了绝对位置，没有定义偏移。同时为元素 1 的子元素，元素 1-2 定义了绝对位置，并向左偏移。而此时元素 1-2 是以元素 1 为包含块的，显示的位置是以元素 1 的左上角为参考原点进行偏移的。元素 1-1 自然流动。

为元素 2 定义了绝对位置，它虽然包含在 id＝"contain" 里，但它是以浏览器窗口为包含块的，是以浏览器的左上角为参考原点偏移显示的。

根据上例可以总结：

• 一个绝对定位元素将为它包含的任何元素建立一个包含块，被包含的元素遵循普通文档流规则，在包含块中自然流动，但它们的偏移位置由包含块来确定。

• 包含块是绝对定位元素偏移的参考物，绝对定位元素的包含块是由离它最近的、且被定义为定位的上级元素，也就是在它外面最接近它的 position 属性取值为 absolute、relative 或 fixed 的父级元素。如果不存在这样的父级元素，则默认包含块为浏览器本身。

绝对定位元素的包含块也可以是一个内联元素。例如，代码 2-26 绝对定位-内联元素包含块：

代码 2-26　绝对定位-内联元素包含块

```
...
<style type ="text/css">
p{
        background-color:#FCC;
        width:600px;
        height:200px;
        padding:20px;
        }
.style1{
        position:relative;/* 定义内联元素包含块,字体颜色为蓝色。*/
        color:#00F;
        }
.style2{
        color:red;
        position:absolute;/* 定义内联元素为绝对定位,字体颜色为红色。*/
        top:0px;
```

```
        left:0px;
        width:50px;
        }
</style>
</head>


<body>
<p>
```

CSS 中有一个专业名词称为绝对定位，absolute 脱离文档流，通过 top,bottom,left, right 定位。<span class = "style1">选取其最近的父级定位元素，当父级 position 为 static(position 的默认值为 static)时,absolute 元素将以 body 坐标原点进行定位,可以通过 z-index 进行层次分级。<span class = "style2">详情>></span></span>

```
</p>
</body>
</html>
```

图 2-33　绝对定位－内联元素包含块显示效果

代码 2-26 中的样式为 style1 的内联元素 span 定义为相对定位，蓝色字体。它是样式为 style2 的 span 元素的包含块，style2 定义为绝对定位，红字。如果 style2 发生偏移，style1 作为 style2 的包含块，参考原点是 style1 的第一行第一个字。

3. 绝对定位元素的边距

当一个元素被定义为绝对定位元素后，它依然遵循盒模型的基本规则，有自己的背景、外边距、边框、内边距，位置将依据浏览器左上角开始计算。绝对定位使元素脱离文档流，因此不占据空间。

代码 2-27（a）　绝对定位元素边距 1

…
```
<title>代码 2-27 绝对定位对象的边距</title>
<style type = "text/css">
body {
    margin:0;
    padding:0;
    }
div{
    margin:20px;
```

```
    padding:20px;
    position:absolute;
    }
#contain{
    width:200px;
    height:200px;
    border:solid 20px red;
        }
#sub1{
    width:50px;
    height:50px;
    border:solid 20px blue;
    }
</style>
</head>
<body>
<div id = "contain">
<div id = "sub1"></div>
</div>
</body>
</html>
```

代码 2-27（b）　代码片段-绝对定位元素边距 2

```
...
#sub1 {
    width:50px;
    height:50px;
    border:solid 20px blue;
    margin:0px;
    left:25 % ;
    }
</style>
</head>
<body>
<div id = "contain">
    文本流文本流文本流文本流文本流文本流
    <div id = "sub1"></div>
</div>
</body>
</html>
```

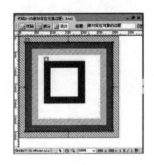

图 2-34　绝对定位元素边距显示效果 1　　　图 2-35　绝对定位元素边距显示效果 2

　　绝对定位都是以包含块的内边框到绝对定位元素的外边距之间的最短垂直距离来计算 top、right、bottom 和 left 四个方向上的边距值。如果没有指定这四个值，则使用默认值 auto，这将使绝对定位元素遵循正常的文档流动布局规则，在前一个元素之后被呈递。受流动布局模型的影响，如图 2-34 绝对定位元素边距显示效果 1 所示，该绝对定位元素如同一个流动块状元素分布在左上角，并会随文档流左右、上下移动。

　　因此，要激活绝对定位，必须指定 top、right、bottom 和 left 属性中至少 1 个值，并设置 position 属性值为 absolute。当仅指定 1 个值时，绝对定位元素会在指定方向遵循绝对定位规则，而在另一个方向上依然遵循文档流动规则，此时会出现杂交布局现象，见代码片段-绝对定位元素边距 2，如图 2-35 绝对定位元素边距显示效果 2。各浏览器都支持这一原则，但 IE 和非 IE 在流动边距解析上还存在细微差别。

4. 相对定位

　　绝对定位能够精确定位元素的显示位置，但缺乏灵活性，因此 CSS 又提供了 relative 相对定位属性，满足了网页设计的复杂要求。

　　相对定位元素的偏移量是根据它在正常文档流里的原始位置计算的，而绝对定位原始的偏移量是根据包含块位置计算的。

　　相对定位元素遵循流动布局模型，存在于正常文档流中，但它的位置可以根据原位置进行偏移，且原始位置保留不变，不会挤占其他元素位置，但可以覆盖其他元素之上进行显示。

代码 2-28　相对定位

```
...
<title>代码 2-28 相对定位</title>
<style type = "text/css">
p {
        margin:40px;
        white-space:pre;
        font-size:14px;
        }
p strong {
        position:relative;
        left:40px;
        top: - 30px;
        font-size:18px;
```

```
        }
    </style>
    </head>
    <body>
    <p>
    <span><strong>登鹳雀楼</strong>作者：王之涣</span>
    白日依山尽，
    黄河入海流。
    欲穷千里目，
    更上一层楼。
    </p>
    </body>
    </html>
```

如图 2-36 所示，题目和作者本在一行显示，相对
定位后，题目与作者由一行显示变为折行错位显示，
题目相对原位置向上、向右偏移。

5. 混合定位

混合定位是利用相对定位的流动模型优势和绝对
定位的层布局优势，实现网页定位的灵活性和精确性
互补。例如代码 2-29 二级导航所示。

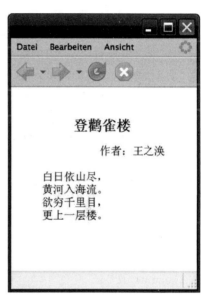

图 2-36　相对位置显示效果

代码 2-29　多级菜单-平行式

```
...
<title>代码 2-29 多级菜单 - 平行式</title>
<style type = "text/css">
* {
        margin:0;
        padding:0;
}
.menu{
        font-size:12px;
        position:relative;
        z-index:100;/* 设置对象的层叠顺序,较大 number 值的对象会覆盖在较小 num-
                ber 值的对象之上。*/
}
.menu ul{
        list-style:none;
}

.menu li{
        float:left;
```

```
        position:relative;
}
.menu ul ul{
        visibility:hidden;/＊设置是否显示对象:隐藏＊/
        position:absolute;
        left:2px;
        top:23px;
}
.menu ul li:hover ul,
.menu ul a:hover ul{
        visibility:visible;/＊设置是否显示对象:显示＊/
}
.menu a{
        display:block;
        border:1px solid ＃aaa;
        background:＃1B4F93;
        padding:2px 30px;
        margin:3px 1px;
        color:＃fff;
        text-decoration:none;
}
.menu a:hover{
        background:＃FCDAD5;
        color:＃BD6B09;
        border:1px solid ＃BFCAE6;
}
.menu ul ul li{
        clear:both;
        text-align:left;
        font-size:12px;
}
.menu ul ul li a{
        display:block;
        width:100px;
        height:13px;
        margin:0;
        border:0;
        border-bottom:1px solid ＃BFCAE6;
}
.menu ul ul li a:hover{
        border:0;
```

```
            background:#FCDAD5;
            border-bottom:1px solid #fff;
}
</style>



</head>
<body>

<div class = "menu">
    <ul>
        <li><a href = "">菜单一</a>
            <ul>
                <li><a href = "">菜单一1</a></li>
                <li><a href = "">菜单一2</a></li>
                <li><a href = "">菜单一3</a></li>
                <li><a href = "">菜单一4</a></li>
                <li><a href = "">菜单一5</a></li>
            </ul>

        </li>
        <li><a href = "">菜单二</a>

            <ul>
                <li><a href = "">菜单二1</a></li>
                <li><a href = "">菜单二2</a></li>
                <li><a href = "">菜单二2</a></li>
            </ul>

        </li>
        <li><a href = "">菜单三</a>
            <ul>
                <li><a href = "">菜单三1</a></li>
            </ul>
        </li>
        <li><a href = "">菜单四</a></li>
        <li><a href = "">菜单五</a></li>
    </ul>
</div>
</body>
</html>
```

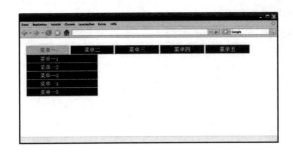

图 2-37　多级菜单-平行式显示效果

多级菜单-平行式是用绝对定位和相对定位混合实现的，示例中一级菜单定义为相对定位，二级菜单定义为绝对定位，这样二级菜单不再相对浏览器左上角定位，而是相对于一级菜单的左上角定位。

6. 层叠等级

使用层布局的另一个好处就是可以实现元素重叠显示，在 CSS 中可以通过 z-index 属性来确定元素的层级。z-index 属性检索或设置对象的层叠顺序。较大 number 值的对象会覆盖在较小 number 值的对象之上。如两个绝对定位对象的此属性具有同样的 number 值，那么将依据它们在 HTML 文档中声明的顺序层叠。对于未指定此属性的绝对定位对象，此属性的 number 值为正数的对象会在其之上，而 number 值为负数的对象在其之下。设置参数为 null 可以移除此属性。此属性仅仅作用于 position 属性值为 relative 或 absolute 的对象。如代码 2-30 所示定位元素的层叠等级，显示效果如图 2-38 所示。

代码 2-30　定位元素的层叠等级

```
...
<title>代码 2-30 定位元素的层叠等级</title>
<style type="text/css">
#sub_1,#sub_2 {
        position:absolute;
        width:200px;
        height:200px;
        }
#sub_1 {
        z-index:10;
        left:50px;
        top:50px;
        background:red;
        }
#sub_2 {
        z-index:1;
        left:20px;
        top:20px;
        background:blue;
```

```
          }
   </style>
   </head>
   <body>
   <div id = "contain">
      <div id = "sub_1">元素 1</div>
      <div id = "sub_2">元素 2</div>
   </div>
   </body>
   </html>
```

7. 高度自适应

网页布局中经常需要定义元素的高度和宽度，希望元素的大小能根据窗口或父元素自动调整，这就是元素自适应。

图 2-38　定位元素的层叠等级显示效果

元素的宽度自适应只需要为元素的 width 属性定义一个百分比即可，高度自适应比较麻烦，仅给元素的 height 属性定义百分比是不能实现高度自适应效果的。需要对父元素高设置为 100％。如代码 2-31 高度自适应所示。

代码 2-31　高度自适应

```
...
<title>代码 2-31 高度自适应</title>
<style type = "text/css">
html,body {/＊定义 html 和 body 高度都为 100％。＊/
      height:100％;
      }
#content {/＊定义父元素高为满屏显示＊/
      height:100％;
      background: #B452CD;
      }
#sub {/＊定义子元素高为父元素一半。＊/
      width:50％;
      height:50％;
      background: #C0FE3E;
      }
</style>
</head>
<body>
<div id = "content">
      <div id = "sub">高度自适应</div>
</div
```

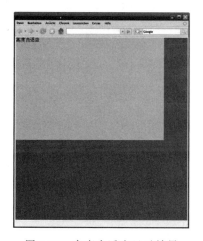

图 2-39　高度自适应显示效果

2.4.3　浮动布局

可以通过 CSS 的 float 属性定义元素向左或向右浮动。其语法如下：

```
div{           /＊可指定任何元素＊/
float:left; /＊取值还包括 right 表示向右浮动、none 表示清楚浮动＊/
}
```

浮动布局模型具有以下几个特征：

- 任何定义为 float 的元素都会自动设置为块状元素显示，并显式定义宽、高。
- 浮动模型不会与流动模型发生冲突。
- 与普通元素一样，浮动元素始终位于包含元素内，不会破坏元素包含关系。
- 浮动元素后面的块状元素和内联元素都能以流的形式环绕浮动元素左右。
- 浮动元素间并列显示：当两个或两个以上的相邻元素都被定义为浮动显示时，如果空间足够，浮动元素之间可并列显示；如空间不足，后面的浮动元素将会下移。

1. 浮动清除

浮动的自由性给布局带来了很多麻烦，CSS 为此增加了 clear 属性，它取值包括 4 个。

- left：清除左边的浮动对象，如果左边存在浮动对象，则当前元素会在浮动对象底下显示。
- right：清除右边的浮动对象，如果右边存在浮动对象，则当前元素会在浮动对象底下显示。
- both：清除左右两边的浮动对象，不管哪边存在浮动对象，当前元素都会在浮动对象底下显示。
- none：默认值，允许两边都可以有浮动对象，当前浮动元素不会换行显示。

代码 2-32　浮动清除

```
...
<title>代码 2-32 浮动清除</title>
<style type = "text/css">
.div0{/＊宽默认为 100％＊/
     background-color:＃CCC;
     }
.div1{
     float:left;
     width:100px;
     height:100px;
     background-color:＃666;
     }
.div2{
     float:left;
     width:100px;
     height:100px;
```

```
    background-color:#666;
        }
.div3{
        width:250px;
        height:250px;
        background-color:#999;
        clear:left;
        }
</style>
</head>
<body>
<div class = "div0">
<div class = "div1">div1 浮动元素</div>
<div class = "div2">div2 浮动元素</div>
<div class = "div3">div3 浮动元素</div>
</div>
</body>
</html>
```

代码 2-32 所示，当 div1、div2、div3 都为浮动元素时，div0 的空间足够，3 个浮动元素并列显示；当 div3 不是浮动元素时，div1 和 div2 仍为浮动元素并列显示，则 div3 显示在 div1 和 div2 "下层" 而不是下面，此时为 div3 增加 clear：left；清除 div3 左侧浮动元素，则 div3 显示在 div1 和 div2 "下面"。

2. 浮动嵌套

浮动元素可以相互嵌套，嵌套规律与流动元素嵌套相同。浮动的包含元素总会自动调整自身宽、高以实现对浮动子元素的包含。参考代码 2-32，将 div0 设置为 float：left；向左浮动，则 div0 的宽、高自动适应为 250 px * 350 px，即宽为：div3，高为 div1＋div3。

3. 浮动与流动嵌套

单纯的流动元素嵌套和单纯的浮动元素嵌套都比较好处理，但如果把浮动元素嵌套到流动元素之内，包含元素将根据自身属性显示，不再受子浮动元素影响，也就是说父元素不能够自适应子元素的宽、高。参考代码 2-32，div0 为流动元素，div1、div2 和 div3 都设为 float：left；向左浮动，则此时 div0 的宽高不能自适应子元素，且自身没有显式定义宽高，则 div0 不显示。

在 CSS 规范中，浮动定位不属于正常的页面流动，是独立定位的。所以，只含有浮动元素的父容器，在显示时不考虑子元素的位置，就当它们不存在一样。这就造成了显示出来的父容器好像空容器一样。

解决 div0 不显示的问题有多种方法，可以在浮动元素的父容器，即 div0 添加浮动清除样式。见下面代码片段：

```
...
.clear{/*浮动清除*/
```

```
overflow:auto;
_height:1%;
}
</style>
</head>
<body>
<div class = "div0 clear">
<div class = "div1">div1 浮动元素</div>
<div class = "div2">div2 浮动元素</div>
<div class = "div3">div3 浮动元素</div>
</div>
```

…

.clear{overflow:auto;_height:1%;} 使用了最少的代码实现了各浏览器对浮动清除的兼容问题。

4. 混合布局

假设在一个左右两栏的页面布局中，左栏是浮动布局，右栏是流动布局，通过控制栏间距的方式掌握混合布局的应用。

代码 2-33　混合布局

…

```
<title>代码 2-33 混合布局</title>
<style type = "text/css">
#contain{                       /*定义页面布局包含元素*/
      width:800px;
      border:double 4px #aaa;
      padding:12px;
      overflow:visible;         /*自动伸缩显示包含内容*/
      }
#contain img{                   /*定义左侧图像浮动显示*/
      width:200px;
      height:100px;
      float:left;
      clear:left;               /*定义图像单列显示*/
      margin:6px 50px 0px 6px;/*定义图像的外边距*/
      padding:6px;
      border:solid 1px #999;
      }
#contain h1{                    /*定义右侧标题居中*/
      text-align:center;        /*文本居中*/
      }
```

```
#contain p{                        /* 定义段落属性 */
        margin:0px;
        padding:0px;
        line-height:1.8em;
        font-size:13px;
        text-indent:2em;
        }
.clear{                            /* 定义清除类,处理非 IE 浏览器不能自适应包容问题 */
clear:both;
}
</style>
</head>
<body>
<div id = "contain"class = "clear">
<img src = "images/pic01.jpg"/>
<img src = "images/pic02.jpg"/>
<img src = "images/pic03.jpg"/>
<img src = "images/pic04.jpg"/>
<h1>北京邮电大学世纪学院　培养信息科技时代英才</h1>
<p>北京邮电大学世纪学院是经教育部批准,由北京邮电大学与北京学涵教育科技有限
公司按照新的机制和新的办学模式合作举办的全日制本科普通高校,是教育部直属高校在京
举办的第一所独立学院。</p>
<p>学院位于延庆区康庄镇,建有充足的教学及辅助用房,拥有独立的图书馆大楼及实
验楼,欧式校园风格独具特色。</p>
<p>学院现设有通信与信息工程系、电子与自动化系、计算机科学与技术系、经济管理
系、艺术与传媒学院、外语系、基础教学部、国际学院 8 个教学单位,现设有通信工程、电子信息
工程、物联网工程、电子科学与技术、机械工程(原机械工程及自动化专业)、物流工程、机械电
子工程、计算机科学与技术、信息管理与信息系统、软件工程、市场营销、电子商务、财务管理、
数字媒体技术、数字媒体艺术、传播学、公共事业管理、英语共计 18 个专业(其中信息管理与信
息系统、机械工程、公共事业管理、电子科学与技术专业暂停招生),在校生近 5200 人。</p>
<div class = "clear"></div>
</div>
</body>
</html>
```

代码 2-33 所示,是一个左图右文的结构。右侧文本自然流动;它使用 float 和 clear 属
性,将左侧一组图像浮动,且垂直排列。为处理非 IE 不能自适应包容问题,增加了清除类,
并在包含元素内,子元素最后专门增加了一个带有清除类的 div。如果想控制两栏的间距可
以通过控制 #contain img 下的 margin 属性来控制。

2.4.4　网页布局案例

代码 2-34　网页布局案例

网页 HTML 结构代码：

```
<!DOCTYPE html PUBLIC" - //W3C//DTD XHTML1.0 Transitional//EN""http://www.w3.
org/TR/xhtml1/DTD/xhtml1-transitional.dtd">
<html xmlns = "http://www.w3.org/1999/xhtml">
<head>
<meta http-equiv = "Content-Type"  content = "text/html; charset = utf - 8"/>
<title>代码 2-34 网页布局案例</title>
<!-- 外部样式表 -->
<link href = "css/main.css"  rel = "stylesheet"  type = "text/css"/>
<!-reset.css 为清除各元素的默认属性值的样式表 -->
<link href = "css/reset.css"  rel = "stylesheet"  type = "text/css"/>
</head>
<body>
<div class = "wrap">
<div class = "top clear"><!-- 上部区块 -->
<div class = "logo"><img src = "images/logo.jpg"  width = "581"  height = "
68"/></div><!-- 网站 Logo -->
<div class = "logo_right"><!-- 搜索区块 -->
<div class = "collection">
<ul class = "clear">
<li><a onclick = this.style.behavior = "url(#default#homepage)";this.setHomePage
("http://www.hao123.com");>设为首页</a></li>
<li><a onClick = "window.external.AddFavorite(location.href,document.title)">收
藏本站</a></li>
<li>关注微博</li>
</ul>
</div>
<div class = "search">
<input type = "text"  value = "Site search"  maxlength = "30"  class = "search_text"/>
<input name = ""  type = "button"  value = ""  class = "search_button"/>
</div>
</div>
</div>
<div class = "main"><!-- 中部区块 -->
<div class = "nav"><!-- 导航 -->
<ul class = "clear">
```

```
<li><a href = "index. html">首页</a></li>
<li><a href = "index. html">课程活动</a>
<ul>
<li><a href = "">课堂公告</a></li>
<li><a href = "">比赛公告</a></li>
<li><a href = "">科研公告</a></li>
</ul>
</li>
<li><a href = "index. html">课程概况</a>
<ul>
<li><a href = "">课程简介</a></li>
<li><a href = "">师资队伍</a></li>
<li><a href = "">培养方案</a></li>
<li><a href = "">课程体系</a></li>
<li><a href = "">实验室建设</a></li>
</ul>
</li>
<li><a href = "index. html">课程教学</a></li>
<ul>
<li><a href = "">理论教学</a></li>
<li><a href = "">实践教学</a></li>
<li><a href = "">教学指导</a></li>
<li><a href = "">考试考核</a></li>
<li><a href = "">课程教材</a></li>
</ul>
<li><a href = "index. html">课程成果</a>
<ul>
<li><a href = "">教学成果</a></li>
<li><a href = "">比赛成果</a></li>
<li><a href = "">科研成果</a></li>
<li><a href = "">毕业设计</a></li>
<li><a href = "">社会服务</a></li>
</ul>
</li>
<li><a href = "index. html">班级资讯</a></li>
<li><a href = "index. html">行业资讯</a></li>
<li><a href = "index. html">设计资源</a>
<ul>
<li><a href = "">HTML 基础</a></li>
<li><a href = "">HTML5</a></li>
```

```
<li><a href = "">CSS3</a></li>
<li><a href = "">JavaScript</a></li>
<li><a href = "">其他技术</a></li>
</ul>
</li>
<li><a href = "index. html">合作交流</a></li>
<li><a href = "http://www. ccbupt. cn">学校首页</a></li>
<li></li>
</ul>
</div>
<div class = "news"><!-- 中部新闻区块 -->
<div class = "news_left"><!-- 左侧新闻 -->
<h1>课程活动</h1>
<div class = "inf">Course activities</div>
<div class = "news_title">
<ul>
<li><a href = "">关于公布 2014 年度学生科技创新项目结题评审结果的通知</a>
</li>
<li><a href = "">关于 5 月继续开展学生行为习惯督察教育的通知</a></li>
<li><a href = "">第五周抽查学生上课出勤情况通报</a></li>
<li><a href = "">网页设计技术课程进度情况</a></li>
<li><a href = "">网页设计技术实践分享会</a></li>
</ul>
</div>
</div>
<div class = "news_midle"><!-- 中部新闻 -->
<h1>行业资讯</h1>
<div class = "inf">Industry information</div>
<div class = "news_title">
<ul>
<li><a href = "">Dreamweaver 设置页面属性后采用 HTML 格式怎么办？</a></li>
<li><a href = "">使用 HTML5 Canvas 制作水波纹效果点击图片就会触发</a></li>
<li><a href = "">20 款不容错过的 HTML5 工具</a></li>
<li><a href = "">HTML5 标签嵌套规则详解【必看】</a></li>
<li><a href = "">HTML5 移动端手机网站开发流程</a></li>
</ul>
</div>
</div>
<div class = "news_right"><!-- 右侧图片展示区 -->
<div class = "news_right_numb clear"><span>课程成果：</span>
```

```
<ul>
<li>1</li>
<li>2</li>
<li>3</li>
<li>4</li>
</ul>
</div>
<img src = "images/banner. jpg"  width = "400"  height = "240"/>
</div>
</div>
<div class = "footer"><!-- 下部友情链接 -->
<ul class = "clear">
<li><a href = "http://www. blueidea. com/">蓝色理想</a></li>
<li><a href = "http://www. zcool. com. cn/">站酷</a></li>
<li><a href = "http://sc. admin5. com/">A5 素材</a></li>
<li><a href = "http://www. 68design. net/">网页设计师联盟</a></li>
</ul>
</div>
</div>
</div>
</body>
</html>
```

网页主要 CSS 代码：

```
@charset"utf - 8";
/ * CSS Document * /
body{
    background:#000 url(.. /images/index_bg. jpg);
    margin-top:0px;
    }
ul,li,h1,h2,h3,h4{margin:0xp;padding:0px;}
.clear{/ * 浮动清除 * /
overflow:auto;
_height:1 % ;
}
.wrap{
    width:950px;
    height:100 % ;
    margin-left:auto;
    margin-right:auto;
    overflow:hidden;
```

```
    }
.top{
    width:950px;
    height:68px;
    }
.top .logo{
    float:left;
    width:581px;
    height:68px;
    }
.top .logo_right{
    float:left;
    margin-left:69px;
    width:300px;
    height:68px;
    }
.top .logo_right .collection{
    height:22px;
    margin-top:10px;
    }
.top .logo_right .search{
    height:22px;
    margin-top:5px;
    }
.collection ul{
    width:300px;
    height:22px;
    }
.collection ul li{
    float:left;
    list-style:none;
    background:url(../images/ico_1.gif)no-repeat 0px 8px;
    padding-left:10px;
    margin-left:20px;
    height:22px;
    }
.collection ul li a{color:#000;text-decoration:none;}
.collection ul li a:hover{color:fa3001}
.search input.search_text{
    float:left;
```

```
    height:20px;
    width:200px;
    border:1px solid #ccc;
    color:#CCC;
    }
.search input.search_button{
    float:left;
    margin-left:10px;
    width:22px;
    height:22px;
    background:url(../images/search_button.jpg)  no-repeat;
    border-style:none;
    }
.main{
    background:url(../images/main_bg.jpg)  no-repeat;
    width:950px;
    height:100%;
    }
.nav{
    background:url(../images/nav_bg.jpg)  no-repeat;
    width:950px;
    height:50px;
    margin-top:0px;
    overflow:hidden;
    }
.nav ul{
    width:950px;
    height:50px;
    list-style:none;
    }
.nav ul li{
    width:97px;
    float:left;
    text-align:center;

    }
.nav ul li:nth-child(1){
    margin-left:0px;
    width:76px;
    }
```

```
.nav ul ul li:nth-child(1){width:70px;margin-left:0px;}
.nav ul li a{
    display:block;
    height:50px;
    line-height:50px;
    color:#fff;
    text-decoration:none;
    }
.nav ul li a:hover{
    color:#c80000;
    background:url(../images/ico_2.gif)  center 2px no-repeat;
    }
.nav ul ul{
visibility:hidden;/*二级菜隐藏*/
position:absolute;/*二级菜单确定绝对位置*/
list-style:none;  /*去掉项目符号*/
width:70px;
margin:0px;
padding-left:15px;
z-index:999;
}
.nav ul ul li{
width:70px;
height:25px;
text-align:left;
margin:0px;
padding-top:5px;
text-align:center;
background:#000;
}
.nav ul li:hover ul{
visibility:visible;/*鼠标移到菜单上时显示二级菜单*/
}
.nav ul ul li a{   /*二级菜单超链接样式*/
display:block;
width:70px;
height:25px;
margin:0px;
line-height:25px;
background:#000;
```

```
}
.nav ul ul li a:hover{/*二级菜单鼠标滑过样式*/
display:block;
width:70px;
height:25px;
border:0px;
color:#c80000;
background:none;
margin:0px;
padding:0px;
background:url(../images/ico_2.gif)  center 2px no-repeat;
}
.news{
    width:950px;
    height:313px;
    margin-top:122px;
    }
.news_left{
    float:left;
    width:233px;
    height:155px;
    margin-top:125px;
    }
h1{
    color:#c80000;
    font-weight:bold;
    }
.inf{
    font-family:Arial,Helvetica,sans-serif;
    font-size:10px;
    color:#444;
    width:120px;
    height:15px;
    background:#000;
    margin-top:3px;
    padding-left:10px;}
.news .news_title{
    background:black;
    width:203px;
    height:132px;
```

```
        margin-top:5px;
        padding:10px 15px 15px;;
        }
.news .news_title ul{
        list-style:none;
        width:223px;
        height:152px;
        }
.news .news_title ul li{
        background:url(../images/ico_1.gif)  0px 10px no-repeat;/*列表图标*/
        overflow:hidden;
        white-space:nowrap;
        text-overflow:ellipsis;/*标题超出部分为"…"*/
        line-height:22px;
        font-size:10px;
        color:#333;
        padding-left:15px;
        margin-top:3px;
        }

.news .news_title ul li a{
        color:#999;
        text-decoration:none;}
.news ul li a:hover{
        color:#c80000}
.news_midle{
        float:left;
        width:233px;
        height:155px;
        margin-top:125px;
        margin-left:10px;
        }
.news_right{
        float:left;
        width:464px;
        height:354px;
        background:url(../images/pic_bg.png)  no-repeat;
        }
.news_right_numb{
        width:400px;
```

```
        height:25px;
        margin-left:40px;
        margin-top:30px;
        }
.news_right .news_right_numb span{
        display:block;
        float:left;
        color:#999999;}
.news_right_numb ul{
        list-style:none;
        }
.news_right_numb ul li{
        float:left;
        width:30px;
        height:16px;
        line-height:16px;
        text-align:center;
        border-left:1px solid   #CCC;
        color:#999999;
        }
.news_right_numb ul li:hover{
        background:#e8e7e7;}
.news_right img{
        margin-left:32px;
        margin-top:5px;}
.footer{
        margin-top:54px;
        width:100%;
        height:25px;
        text-align:left;
        }
.footer ul{
        width:100%;
        height:25px;
        list-style:none;
        }
.footer ul li{
        float:left;
        padding-left:15px;
        margin-left:25px;
```

```
        background:url(../images/ico_3.gif)0px 8px no-repeat;
      }
.footer ul li a{
    color:#999;
    text-decoration:none;
      }
.footer ul li a{
    color:#000;}
.footer ul li a:hover{
    color:#c80000;
      }
```

图 2-40　网页布局案例显示效果

样式表代码省略了 reset.css 为清除各元素的默认属性值的样式表。

第2篇

JavaScript+jQuery基础

JavaScript和jQuery是网页中常见的脚本语言，它嵌入在HTML语言中，浏览器对它的支持广泛，是动态网页设计的最佳选择。

第 3 章
JavaScript 基础

JavaScript 是世界上最流行的编程语言。这门语言可用于 HTML 和 Web，更可广泛用于服务器、PC、笔记本电脑、平板电脑和智能手机等设备。常用来为网页添加各式各样的动态功能，为用户提供更流畅美观的浏览效果。

3.1 JavaScript 语法中的基本要求

JavaScript 语言同其他语言一样，有自身的基本数据类型、表达式和算数运算符及程序的基本框架。下面介绍一下关于 JavaScript 语法中的一些基本要求。

3.1.1 JavaScript 的基本结构

JavaScript 代码是用＜script＞标签嵌入到 HTML 文档中的。可以将多条 JavaScript 代码嵌入到一个文档中，只需封装在＜script＞标签中即可。浏览器会逐行读取＜script＞标签内的内容。浏览器检查语句是否有错，如无误，则浏览器将编译并执行语句。

JavaScript 基本结构如下：

```
＜script type = "text/javascript"＞
    ＜!--
            JavaScript 语句；
    --＞
＜/script＞
```

type 是＜script＞标签属性，用于指定文本使用的语言类型为 JavaScript。

＜!--语句--＞是注释标签。这些标签用于告知不支持 JavaScript 的浏览器忽略标签中包含的语句。这些标签是可选的，但最好在脚本中使用，以确保不支持 JavaScript 的浏览器会忽略 JavaScript 语句。

代码 3-1　JavaScript 基本结构

```
……
＜title＞输出 Hello Wordl＜/title＞
＜script   type = "text/javascript"＞
    ＜!--
    document.write("输出 HelloWorld");
    document.write("＜h1＞Hello World＜/h1＞");
    --＞
＜/script＞
＜/head＞
```

```
<body>页面主体内容</body>
</html>
```

图 3-1　JavaScript 基本结构显示效果

3.1.2　在网页中引用 JavaScript 的方式

JavaScript 作为客户端程序，嵌入网页有 3 种方式：

- 使用＜script＞标签。
- 使用外部 JavaScript 文件。
- 直接在 HTML 标签中。

1. 使用＜script＞标签

代码 3-1 就是直接使用＜script＞标签将 JavaScript 代码加入到 HTML 文档中。这是最常用的方法，适用于少量使用 JavaScript 代码的情况，并且网站中的每个网页使用的 JavaScript 代码均不相同的情况。

2. 使用外部 JavaScript 文件

使用外部 JavaScript 文件，适用于网站中有若干个网页都运行相同的 JavaScript 脚本。外部的 JavaScript 文件，以 ＊.js 为扩展名保存，然后将文件制定给＜script＞标签中的"src"属性，以使用外部 JavaScript 文件。参看如下代码片段：

外部 JavaScript 文件，hello.js：

```
document.write("使用 JavaScript 脚本循环输出 helloworld");
for(var i = 0;i<5;i++){
document.write("<h3>Hello World</h3>");
}
document.write("<h1>Hello World</h1>");
```

页面 test.html 代码：

```
…
<head>
<meta http-equiv = "Content-Type"　content = "text/html;　charset = gb2312"/>
<title>使用外部 JavaScript 文件</title>
<script src = "hello.js"　language = "javascript"></script>
</head>
```

```
<body>
</body>
</html>
```

3. 直接在 HTML 标签中

可以在页面中加入简短的 JavaScript 代码实现简单的页面效果，如单击按钮弹出一个对话框等。参看如下代码片段：

```
…
<head>
<meta http-equiv = "Content-Type"　content = "text/html;charset = gb2312"/>
<title>直接在 HTML 标签中使用 JavaScript——弹出消息框</title>
</head>
<body>
<input name = "btn"　type = "button"value = "弹出消息框"　onclick = "javascript:
alert('欢迎你');"/>
</body>
</html>
```

3.2　JavaScript 核心语法

JavaScript 是一门编程语言，它包含变量的声明、赋值、运算符号、逻辑控制语句等基本语法。接下来介绍一下 JavaScript 的基本语法。

3.2.1　变量的声明和赋值

在 JavaScript 中，变量使用关键字 var 声明，下面是声明变量的语法格式：

- 先声明变量再赋值

```
var width;//var - 用于声明变量的关键字
width = 5;//width - 变量名
```

- 同时声明和赋值变量

```
var catName = "小明";
var x,y,z = 10;
```

- 不声明直接赋值：变量可以不经声明而直接使用，但这种方法很容易出错，也很难查找排错，不推荐使用。

```
width = 5;
```

3.2.2　数据类型

JavaScript 提供了常用的基本数据类型，如下所示：

1. undefined 类型

undefined 是未定义类型，它只有一个值，即 undefined。当声明的变量未初始化时，该变量的默认值是 undefined。如下面代码片段：

```
var width;
```

这行代码声明了变量 width，且没有初始值，则将被赋予值 undefined。

2. null 类型

null 空类型，只有一个值的类型是 null，是表示"什么都没有"的占位符，可以用来检测某个变量是否被赋值。如下面代码片段：

```
alert(null == undefined);//返回值为 true。
```

尽管这两个值相等，但它们含义不同。undefined 表示声明了变量单位赋值，null 则是给该变量赋了一个空值。

3. number 类型

number 数值类型，它既可以表示 32 位的整数，也可以表示 64 位的浮点数，参见如下代码片段：

```
var iNum = 23;
var iNum = 23.0;
```

整数可以表示八进制或十六进制，八进制首数字必须是 0，其后数字可以是任何八进制数值（0～7）；十六进制首数字也必须是 0，后面任意的十六进制数字和字母（0～9 和 A～F）。如下面代码片段：

```
var iNum = 070;  //070 等于十进制的 56
var iNum = 0x1f; //0x1f 等于十进制的 31
```

对于非常大或非常小的数，可以用科学计数法表示浮点数。另外一个特殊值 NaN（Not a Number）表示非数，也是 number 类型。如：

```
typeof(NaN);  //返回值为 number
```

4. String 类型

String 字符串类型。在 JavaScript 中，字符串是一组被引号（单引号或双引号）括起来的文本。它有一个 length 属性，表示字符串的长度（包括空格等），语法如下：

```
var str = "this is JavaScript";
var strLength = str.length;
```

最后 strLength 返回的 str 字符串的长度是 18。String 对象常用方法，如表 3-1 所示。

表 3-1　String 对象常用方法

方法	说明
toString()	返回字符串
toLowerCase()	把字符串转化为小写
toUpperCase()	把字符串转化为大写
charAt（index）	返回在指定位置的字符
indexOf（str，index）	查找某个指定的字符串在字符串中首次出现的位置
substring（index1，index2）	返回位于指定索引 index1 和 index2 之间的字符串，并且包括索引 1 对应的字符，不包括索引 index2 对应的字符
split（str）	将字符串分为字符串数组

5. boolean 类型

boolean 类型数据被称为布尔型数据或逻辑型数据，boolean 类型是 JavaScript 最常用类型之一，它有两个值：true 和 false。

JavaScript 提供了 typeof 运算符来判断一个值或变量的类型。参见代码 3-2：

代码 3-2　typeof 运算符的用法

```
...
<title>代码 3-2 typeof 运算符的用法
</title>
<script  type = "text/javascript">
document.write("<h2>对变量或值调用 typeof 运算符返回值：</h2>");
var width,height = 10,name = "rose";
var date = new Date();   //获得时间日期对象
var arr = new Array();   //定义数组
document.write("width:" + typeof(width) + "<br>");
document.write("height:" + typeof(height) + "<br>");
document.write("name:" + typeof(name) + "<br>");
document.write("date:" + typeof(date) + "<br>");
document.write("arr:" + typeof(arr) + "<br>");
document.write("true:" + typeof(true) + "<br>");
document.write("null:" + typeof(null));
</script>
</head>
<body>
</body>
</html>
```

图 3-2　typeof 运算符的用法显示效果

3.2.3　数组

JavaScript 中的数组是具有同数据类型的一个或多个值的集合。数组用一个名称存储一系列值，用下标区分数组中的每个值，数组的下标从 0 开始。JavaScript 中数组需要先创建、赋值，在访问数组元素，并通过数组的一些方法和属性对数组元素进行处理，如表 3-2 所示。

表 3-2　数组的常用方法和属性

类别	名称	说明
属性	length	设置或返回数组中元素的数目
方法	join()	把数组的所有元素放入一个字符串，通过一个分隔符进行分隔
	sort()	对数组排序
	push()	向数组末尾添加一个或更多元素，并返回新的长度

代码 3-3　数组方法的应用

```
…
<html>
<head>
<meta http-equiv = "Content-Type"　content = "text/html;charset = utf－8">
<title>数组方法的应用</title>
<script type = "text/javascript">
        var fruit = "apple,orange,peach,bananer";
        var arrList = fruit.split(",");
        var str = arrList.join("－");
        document.write("分割前:" + fruit + "<br>");
        document.write("使用\"－\"重新连接后" + str);
</script>
</head>
<body>
</body>
</html>
```

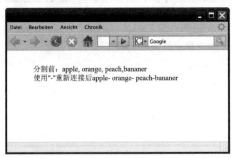

图 3-3　数组方法的应用显示效果

3.2.4　运算符号

在 JavaScript 中，根据所执行的运算，常用的运算符可分为算数运算符、比较运算符、逻辑运算符和赋值运算符，如表 3-3 所示。

表 3-3　常用运算符

类别	运算符号	类别	运算符号
算数运算符	+、-、*、/、%、++、--	逻辑运算符	&&、||、!
比较运算符	>、<、>=、<=、==、!=	赋值运算符	=

3.2.5　逻辑控制语句

在 JavaScript 中，逻辑控制语句用于控制程序的执行顺序。

1. 条件结构

语法格式：

```
if(表达式){
//JavaScript 语句 1
}else{
//JavaScript 语句 2
}
```

当表达式的值为 true 时，执行 JavaScript 语句 1，否则执行 JavaScript 语句 2。

2. switch 结构

语法格式：

```
switch(表达式)
{        case 常量 1：
        JavaScript 语句 1；
         break；
    case 常量 2：
        JavaScript 语句 2；
        break；
    …
    default：
        JavaScript 语句 3；
}
```

JavaScript 中 switch 语句和 if 语句都是用于条件判断的，当用于等值的分支比较时，使用 switch 语句可以使程序结构更清晰。case 表示条件判断，关键字 break 会使代码跳出 switch 语句，如没有 break，则代码继续执行，进入下一个 case。default 说明表达式的结果不等于任何一种情况。

3. for 循环结构

语法格式：

```
for(初始化;条件;增量)
  {
    JavaScript 代码；
  }
```

　　初始化参数是循环的开始值，必须赋予变量初始值；条件用于判断循环是否终止，若条件满足，则继续执行循环中的语句，否则跳出循环；增量或减量定义循环控制变量在每次循环式的变化规律。三个条件用";"隔开。

4. while 循环结构

语法格式：

```
while(条件)
 {
 JavaScript 代码；
 }
```

其特点是先判断后执行，当条件为真时，就执行 JavaScript 语句；当条件为假时，就退出循环。

5. do-while 循环结构

语法格式：

```
do{
//JavaScript 语句；
}while(条件)；
```

该语句表示反复执行 JavaScript 语句，直到条件为假时才退出循环，与 while 循环语句的区别是，do-while 循环语句是先执行后判断。

6. for-in 循环结构

语法格式：

```
for(变量 in 数组){
//JavaScript 语句
}
```

其中，变量为数字索引的下标，如：

```
var fruit = ["bananer","apple","orange","peach"];
for(varI in fruit){
document.write(fruit[i] + "<br />");
}
```

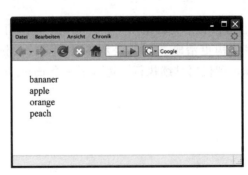

图 3-4　for-in 循环——遍历数组

7. 中断循环

在 JavaScript 标准语法中，有两种特殊的语句用于循环内部，用来终止循环：break 和 continue。

- break：可以立即退出整个循环。
- continue：只是退出当前的循环，根据判断条件决定是否进行下一个循环。

3.2.6　语法规则

1. 注释的写法

- 单行注释以 // 开始，以行末结束。
- 多行注释以 /* 开始，以 */ 结束。

2. 区分大小写

- JavaScript 的关键字小写。
- 内置对象大写字母开头。
- 对象的名称通常是小写。

3. 变量、对象和函数的命名

当声明使用变量、对象或函数时，名称可以包括大写字母、小写字母、数字、下划线和美元符号（$），但必须以字母、下划线或美元符号（$）开头。

4. 分号的使用

JavaScript 允许开发者自行决定是否以分号结束一行代码，如果没有分号，JavaScript 就将行代码的结尾看作该语句的结尾。

3.3　JavaScript 对象

浏览器对象模型（BOM）是 JavaScript 的组成之一，它提供了独立于内容与浏览器窗口进行交互的对象，它的作用是将相关元素组织集合起来，提供给开发人员使用。

3.3.1　Window 对象

Window 对象表示浏览器中打开的窗口。在 JavaScript 中，Window 对象是全局对象，所有的表达式都在当前的环境中计算。也就是说，要引用当前窗口根本不需要特殊的语法，可以把那个窗口的属性作为全局变量来使用。

在浏览器中打开网页，首先看到的就是顶层的 Window 对象；其次是网页文档内容 document。document 包括一些超链接 link、表单 form、锚 anchor 等，表单由文本框 text、单选按钮 radio、按钮 button 等表单元素组成。在浏览器对象结构中除了 document 对象外，还有地址对象 location 和历史对象 history，它们对应 IE 中的地址栏和前进/后退按钮，可以利用这些对象的方法实现类似功能。使用 BOM 通常可以实现如下功能：

- 弹出新的浏览器窗口。
- 移动、关闭浏览器窗口及调整窗口大小。
- 在浏览器窗口中实现页面的前进、后退。

Window 对象也称浏览器对象。它具有常用的属性、方法和实践。

1. 常用属性

表 3-4　Window 对象的常用属性

名称	说明	名称	说明
history	有关客户访问过的 URL 的信息	location	有关当前 URL 的信息

语法格式：

window.属性名 = "属性值"；

例如：

window.location = "http://www.ccbupt.cn"；//表示跳转到北京邮电大学世纪学院网站首页

2. 常用方法

表 3-5　Window 对象的常用方法

名称	说明
prompt()	显示可提示用户输入的对话框
alert()	显示带有一段消息和一个确认按钮的警告框
confirm()	显示带有一段消息以及确认按钮和取消按钮的对话框
close()	关闭浏览器窗口
open()	打开一个新的浏览器窗口或查找一个已命名的窗口
setTimeout()	在指定的毫秒数后调用函数或计算表达式
setInterval()	按照指定的周期（以毫秒计）来调用函数或计算表达式

语法格式：

方法名()；

3. 常用事件

表 3-6　Window 对象的常用事件

名称	说明	名称	说明
onload	一个页面或一幅图像完成加载	onkeydown	某个键盘按键被按下
onmouseover	鼠标指针移到某元素之上	onchange	域的内容被改变
onclick	鼠标单击某个对象		

语法格式：

事件名 = function(){

//JavaScript 代码；

}

例如：

window.onload = function(){

　　window.open("adv.html")；

}

3.3.2　history 对象和 location 对象

1. history 对象

history 对象提供用户最近浏览过的 URL 列表。可以使用 history 对象提供的返回访问过的页面方法，如表 3-7 所示。

表 3-7　history 对象的方法

名称	说明
back()	back() 方法会让浏览器加载前一个浏览过的文档，history.back() 等效于浏览器中的"后退"按钮
forward()	forward() 方法会让浏览器加载后一个浏览过的文档，history.forward() 等效于浏览器中的"前进"按钮
go()	go（n）方法中 n 是一个具体的数字，当 $n > 0$ 时，装入历史列表中往前数的第 n 个页面；当 $n = 0$ 时，装入当前页面；当 $n < 0$ 时，装入历史列表中往后数的第 n 个页面

2. location 对象

location 对象提供当前页面的 URL 信息，并且可以重新装载当前页面或装入新页面，表 3-8 和表 3-9 列出了 location 对象的属性和方法。

表 3-8　location 对象的属性

名称	说明
host	设置或返回主机名和当前 URL 的端口号
hostname	设置或返回当前 URL 的主机名
href	设置或返回完整的 URL，通过此属性设置不同的网址，从而实现跳转功能

表 3-9　location 对象的方法

名称	说明	名称	说明
reload()	重新加载当前文档	replace()	用新的文档替换当前文档

3.3.3　document 对象

document 对象既是 Window 对象的一部分，有代表整个 HTML 文档，可以用来访问页面中的所有元素。本节主要介绍 document 对象的常用属性和方法。

1. document 对象的常用属性

表 3-10　document 对象的常用属性

名称	说明	名称	说明
referrer	返回载入当前文档的 URL	URL	返回当前文档的 URL

语法格式：

```
document.referrer
```

代码 3-4　document 对象属性应用

```
<script type = "text/javascript">
var preUrl = document. referrer;　//载入本页面文档的地址
if(preUrl == ""){
        document. write("<h2>您不是从活动页面进入,5 秒后将自动跳转到登录页面</h2>");
        setTimeout("javascript:location. href = 'login. html",5000);
        //使用 setTimeout 延迟 5 秒后自动跳转
        }
</script>
</head>
<body>
<h2>活 动 开 始 啦……</h2>
</body>
</html>
```

2. document 对象的常用方法

表 3-11　document 对象的常用方法

名称	说明
getElementById()	返回对拥有指定 id 的第一个对象的引用。该方法一般用于访问 div、图像、表单、网页标签等,但要求访问对象的 id 是唯一的
getElementsByName()	返回带有指定名称的对象的集合。该方法访问元素的 name 属性,由于一个文档中的 name 属性可能不是唯一,因此该方法用于访问一组相同的 name 属性的元素。如具有相同 name 属性的单选按钮、复选框等
getElementsByTagName()	返回带有指定标签名的对象的集合。该方法是按标签来访问页面元素的,一般用于访问一组相同元素,如一组<input>、一组图像等
write()	向文档中写文本、HTML 表达式或 JavaScript 代码

3.3.4　JavaScript 内置对象

在 JavaScript 中,系统的内置对象有 Date 对象、Array 对象、String 对象和 Math 对象等:

- Date 对象:用于操作日期和时间。
- Array 对象:用于在单独的遍历名中存储一系列的值。
- String 对象:用于支持对字符串的处理。
- Math 对象:使开发者有能力执行常用的数学任务,它包含了若干个数字常量和函数。

1. Date 对象

Date 对象需用使用 "new 对象名()" 的方法创建一个实例。语法如下:

var 日期实例 = new Date(参数);

- 日期实例是存储 Date 对象的遍历，可以省略参数，如没有参数，则表示当前日期和时间。
- 参数是字符串格式 "MM DD，YYYY，hh：mm：ss"，表示日期和时间。

表 3-12　Date 对象的常用方法

方法	说明
getDate()	返回 Date 对象的一个月中的每一天，其值为 1～31
getDay()	返回 Date 对象的星期中的每一天，其值为 0～6
getHours()	返回 Date 对象的小时数，其值为 0～23
getMinutes()	返回 Date 对象的分钟数，其值为 0～59
getSeconds()	返回 Date 对象的秒数，其值为 0～59
getMonth()	返回 Date 对象的月份，其值为 0～11
getFullYear()	返回 Date 对象的年份，其中为 4 位数
getTime()	返回自某一时刻（1970 年 1 月 1 日）以来的毫秒数

2. Math 对象

Math 对象提供许多与数学相关的功能。

表 3-13　Math 的常用方法

方法	说明	示例
ceil()	对数进行上舍入	Math. ceil（25.5）；返回 26 Math. ceil（－25.5）；返回－25
floor()	对数进行下舍入	Math. floor（25.5）；返回 25 Math. floor（－25.5）；返回－26
round()	把数四舍五入为最接近的数	Math. round（25.5）；返回 26 Math. round（－25.5）；返回－26
random()	返回 0～1 中的随机数，返回的随机数都是小数，不包括 0 和 1	如想选 1～100 的整数（包括 1 和 100）： var iNum＝Math. floor（Math. random（）＊100＋1）

3.3.5　定时函数

JavaScript 中提供了两个定时函数：setTimeout() 和 setInterval()。

1. setTimeout( )

setTimeout() 用于在指定的毫秒后调用函数或计算表达式。

语法格式：

setTimeout("调用的函数名称",等待的毫秒数);

2. setInterval( )

setInterval() 可按照指定的周期（以毫秒计）来调用函数或计算表达式。

语法格式：

setInterval("调用的函数名称",周期性调用函数之间间隔的毫秒数);

3. clearTimeout( ) 和 clearInterval( )

clearTimeout() 函数用来清除由 setTimeout() 函数设置的 timeout，语法格式如下：

clearTimeout(setTimeout() 返回的 ID 值)；

clearInterval() 函数用来清除由 setInterval() 函数设置的 timeout，语法格式如下：

clearInterval(setInterval() 返回的 ID 值)；

代码 3-5　时钟设置

```
<html>
<head>
<meta http-equiv = "Content-Type"  content = "text/html;charset = gb2312"/>
<title>代码 3-5 时钟设置</title>
<script type = "text/javascript">
      function disptime(){
      var today = new Date();        //获得当前时间
      var hh = today. getHours();    //获得小时、分钟、秒
      var mm = today. getMinutes();
      var ss = today. getSeconds();
      /ﾟ设置 div 的内容为当前时间ﾟ/
document. getElementById("myclock"). innerHTML = "现在是:<h1>" + hh
+ ":" + mm + ":" + ss + "<h1>";
}
/ﾟ使用 setInterval()每间隔指定毫秒后调用 disptime() ﾟ/
var myTime = setInterval("disptime()",1000);
</script>
</head>
<body>
<div id = "myclock"></div>
<input type = "button"  onclick = "javaScript:clearInterval(myTime)"  value = "停止">
</body>
</html>
```

3. 4 JavaScript 控制动画

用 Javascript 实现了滑动门效果：

代码 3-6　应用 JavaScript 实现滑动门

```
...
<title>代码 3-6 应用 JavaScript 实现滑动门
</title>
<style type = "text/css">
/ﾟ滑动门样式ﾟ/
```

```
ul {list-style-type:none;font-size:12px;text-decoration:none;margin:0;padding:0;}
    .hd01 {width:252px;height:190px;overflow:hidden;list-style-type:none;font-
size:12px;text-decoration:none;}
    .hd_title {width:250px;height:25px;overflow:hidden;}
    .hd_title li {display:block;float:left;margin:0px 2px 0px 0px;text-align:center;
padding:0px;}
    .hd_title li a {display:block;width:90px;heigth:25px;line-height:25px;color:
#555;text-decoration:none;}
    .hd_title li a:hover {color:#069;}
    .hd_title_bg1{background:#fff url(2.gif)no-repeat;}/* 标题背景图 1 */
    .hd_title_bg2{background:#fff url(1.gif)no-repeat;}/* 标题背景图 2 */
    .hd_con{display:block;width:190px;height:80px;border:1px #CCC solid;margin-left:
0px;overflow:hidden;margin-top:0px;margin-bottom:10px;padding:20px;}
</style>
</head>
<body>
<!-- 滑动门开始 -->
<div class="hd01">
<script language="javascript">
        function hdxiaoguo(num){        //滑动门效果函数
        for(var id=1;id<=2;id++){ //for 循环开始
        var MrJin = "hd_con" + id;        //将标题对应的内容模块 id 赋给 MrJin 变量
        if(id==num)//条件语句,通过 id 判断标题对应显示标题内容模块
        document.getElementById(MrJin).style.display = "block";
        else
        document.getElementById(MrJin).style.display = "none";
        }
        if(num==1)                        //条件语句,通过条件判断标题背景图像
        document.getElementById("hdtitle").className = "hd_title hd_title_bg1";
        if(num==2)
        document.getElementById("hdtitle").className = "hd_title hd_title_bg2";
        }
</script>
<ul class="hd_title hd_title_bg1"id="hdtitle">
<li><a href="链接"target="_blank"onmouseover="javascript:hdxiaoguo(1)">标
题 1</a></li>
<li><a href="链接"target="_blank"onmouseover="javascript:hdxiaoguo(2)">标
题 2</a></li>
</ul>
<div class="hd_con"id="hd_con1"style="display:block;">
```

标题 1 显示内容

```
</div>
<div class = "hd_con"id = "hd_con2"style = "display:none;">
```

标题 2 显示内容

```
</div>
</div>
<!-- 滑动门结束 -->
</body>
</html>
```

图 3-5　应用 JavaScript 实现滑动门显示效果

第4章
jQuery 基础

众所周知，jQuery 是 JavaScript 的程序库之一，它是 JavaScript 对象和使用函数的封装。它能够帮助开发人员轻松地搭建具有高难度交互的客户端页面，并完美的兼容各大浏览器。

4.1 jQuery 概述

作为 JavaScript 的程序，jQuery 凭借简洁的语法和跨浏览器的兼容性，极大地简化了遍历 HTML 文档、操作 DOM、处理实践、执行动画和开发 Ajax 的代码，从而广泛应用于 Web 应用开发，如导航菜单、轮播广告、网页换肤和表单校验等方面。

4.1.1 配置 jQuery 环境

使用 jQuery 之前必须先配置 jQuery 的开发环境。

1. 获取 jQuery 的最新版本

进入 jQuery 的官方网站（http：//jQuery.com）。在页面右侧的 Download jQuery 区域，下载最新版本的 jQuery 库文件，如图 4-1 所示。

图 4-1　Download jQuery-jQuery 官方网站下载页面

2. jQuery 库类型说明

jQuery 库的类型分为两种，一种是开发版（未压缩版）和发布版（压缩版），区别如表 4-1 所示。

表 4-1　jQuery 库的类型对比

名称	大小	说明
jquery-1. 版本号 .js（开发版）	约 268 KB	完整无压缩版，主要用于测试、学习和开发
jquery-1. 版本号 .min.js（发布版）	约 91 KB	经过工具压缩或经过服务器开启 GZIP 压缩，主要应用于发布的产品和项目

3. jQuery 环境配置

jQuery 不需要安装，把下载的 jQuery.js 同网站相关的图片、样式表文件一样放到相应文件夹进行管理，只需要在需要的页面的 HTML 文档中引入该库文件的地址即可。

4. 在 HTML 页面中引入 jQuery 库

将 jquery-1.12.4.js 放在目录 js 下，为了方便调试示例引用路径是相对路径，在 HTML 页面代码的＜head＞标签中引用 jQuery 库，参见如下代码片段：

```
＜!DOCTYPE html PUBLIC" - //W3C//DTD HTML 4.01 Transitional//EN""http://www.w3.org/TR/html4/loose.dtd"＞
＜html＞
＜head＞
＜meta http-equiv = "Content-Type"  content = "text/html;charset = UTF - 8"＞
＜title＞在 HTML 页面中引入 jQuery 库文件＜/title＞
＜!-- 在 head 标签中引用 jQuery 库文件 --＞
＜script src = "js/jquery-1.12.4.js"  type = "text/javascript"＞＜/script＞
＜/head＞
＜body＞
＜/body＞
＜/html＞
```

4.1.2　jQuery 语法

代码 4-1　一个简单 jQuery 程序

```
＜!DOCTYPE html PUBLIC" - //W3C//DTD HTML4.01 Transitional//EN""http://www.w3.org/TR/html4/loose.dtd"＞
＜html＞
＜head＞
＜meta http-equiv = "Content-Type"  content = "text/html;charset = UTF - 8"＞
＜title＞第一个 jQuery 程序＜/title＞
＜script src = "js/jquery-1.12.4.js"  type = "text/javascript"＞＜/script＞
＜script type = "text/javascript"＞
$(document).ready(function(){
        alert("第一个简单的 jQuery 程序。");
});
＜/script＞
＜/head＞
＜body＞

＜/body＞
＜/html＞
```

图 4-2　一个简单 jQuery 程序显示效果

代码 4-1 中的 jQuery 语句主要包含三大部分：$()、document 和 ready()。这三大部分在 jQuery 中分别被称为工厂函数、选择器和方法，其语法结构如下：

```
$(selector).action();
```

1. 工厂函数 $()

在 jQuery 中，美元符号"$"等价于 $()＝jQuery()。$() 的作用是将 DOM 对象转化为 jQuery 对象，只有将 DOM 对象转化为 jQuery 对象后，才能使用 jQuery 的方法。代码 4-1 中 document 是一个 DOM 对象，当它用 $() 函数包括起来就变成了一个 jQuery 对象，它能使用 jQuery 中的 ready() 方法，而不能再使用 DOM 对象的 getElementById() 方法。

2. 选择器 selector

jQuery 元素选择器和属性选择器允许通过标签名、属性名或内容对 HTML 元素进行选择。选择器允许对 HTML 元素组或单个元素进行操作。

（1）jQuery 元素选择器

jQuery 使用 CSS 选择器来选取 HTML 元素。

```
$("p")                //选取 <p>元素
$("p.intro")          //选取所有 class＝"intro"的<p>元素
$("p#demo")           //选取所有 id＝"demo"的<p>元素
```

（2）jQuery 属性选择器

jQuery 使用 XPath 表达式来选择带有给定属性的元素。

```
$("[href]")           //选取所有带有 href 属性的元素
$("[href='#']")       //选取所有带有 href 值等于"#"的元素
$("[href! ='#']")     //选取所有带有 href 值不等于"#"的元素
$("[href$='.jpg']")   //选取所有 href 值以".jpg"结尾的元素
```

jQuery CSS 选择器可用于改变 HTML 元素的 CSS 属性。

下面的例子把所有 p 元素的背景颜色更改为红色：

代码 4-2　jQuery 选择器

```
<html>
<head>
<script src = "js/jquery-2.2.4.js"  type = "text/javascript"></script>
```

```
<script type="text/javascript">
$(document).ready(function(){
    $("button").click(function(){
        $("p").css("background-color","red");
    });
});
</script>
</head>
<body>
<h2>This is a heading</h2>
<p>This is a paragraph.</p>
<p>This is another paragraph.</p>
<button type="button">Click me</button>
</body>
</html>
```

表 4-2　更多的选择器实例

语法	描述
$(this)	当前 HTML 元素
$("p")	所有 <p>元素
$("p.intro")	所有 class="intro"的 <p>元素
$(".intro")	所有 class="intro"的元素
$("#intro")	id="intro"的元素
$("ul li:first")	每个 <ul>的第一个 <li>元素
$("[href$='.jpg']")	所有带有以".jpg"结尾的属性值的 href 属性
$("div#intro .head")	id="intro"的 <div>元素中的所有 class="head"的元素

更多信息可参考 jQuery 参考手册。

3. 方法 action( )

jQuery 中提供了一系列方法。其中一类重要的方法是事件处理方法，主要用来绑定 DOM 元素的事件和事件处理方法。在 jQuery 中，许多基础事件，如鼠标事件、键盘事件和表单事件等，都可以通过这些实践方法进行绑定。

代码 4-3　鼠标单击效果

```
…
<title>代码 4-2 鼠标单击效果</title>
<style type="text/css">
li{list-style:none;line-height:22px;cursor:pointer;}
.current{background:#6cf;font-weight:bold;color:#fff;}
</style>
```

```
<script src = "js/jquery-2.2.4.js"  type = "text/javascript"></script>
<script type = "text/javascript">
$(document).ready(function(){
        $("li").click(function(){
                $("#current").addClass("current");
        });
});
</script>
</head>
<body>
        <ul>
                <li id = "current">jQuery 简介</li>
                <li>jQuery 语法</li>
                <li>jQuery 选择器</li>
                <li>jQuery 事件与动画</li>
                <li>jQuery 方法</li>
        </ul>
</body>
</html>
```

图 4-3　鼠标单击效果显示效果

代码 4-2 中的 addClass() 方法是 jQuery 中用于进行 CSS 操作方法之一，它的作用是向被选定的元素添加一个或多个样式。格式如下：

jQuery 对象.addClass([样式名])

样式名可以是一个或多个，多个需要用空格隔开。

4.2　jQuery 中的事件与动画

JavaScript 与 HTML 之间的交互是通过用户和浏览器操作页面时引发的事件来处理的，诸如单击按钮提交表单、鼠标滑过显示下拉菜单等，但 jQuery 增强并扩展了基本的事件处理机制。为了提高用户体验，jQuery 提供了增强视觉效果的动画方法。

4.2.1　jQuery 事件

1. jQuery 事件函数

jQuery 事件处理方法是 jQuery 中的核心函数。事件处理程序指的是当 HTML 中发生某些事件时所调用的方法，jQuery 事件"触发"。代码 4-4 显示了单击按钮隐藏 p 标签内容。

代码 4-4　元素隐藏

```
...
<head>
<script src = "js/jquery-2.2.4.js"  type = "text/javascript"></script>
<script type = "text/javascript">
$(document).ready(function(){
$("button").click(function(){
$("p").hide();
});
});
</script>
</head>
<body>
<h2>This is a heading</h2>
<p>This is a paragraph. </p>
<p>This is another paragraph. </p>
<button type = "button">Click me</button>
</body>
</html>
```

2. 单独文件中的函数

如果网站包含许多页面，并且希望 jQuery 函数易于维护，可以把 jQuery 函数放到独立的 ＊.js 文件中。参考如下代码片段：

```
<head>
<script type = "text/javascript"  src = "jquery.js"></script>
<script src = "js/jquery-2.2.4.js"  type = "text/javascript"></script>
</head>
```

3. 其他 jQuery 事件

表 4-3　jQuery 一些事件

Event 函数	绑定函数至
$(document).ready(function)	将函数绑定到文档的就绪事件（当文档完成加载时）
$(selector).click(function)	触发或将函数绑定到被选元素的单击事件
$(selector).dblclick(function)	触发或将函数绑定到被选元素的双击事件
$(selector).focus(function)	触发或将函数绑定到被选元素的获得焦点事件
$(selector).mouseover(function)	触发或将函数绑定到被选元素的鼠标悬停事件

更多信息可参考 jQuery 参考手册。

4.2.2　jQuery 动画

代码 4-5　jQuery 图片轮播

```
<!DOCTYPE html PUBLIC" - //W3C//DTD HTML4. 01 Transitional//EN""http://www. w3.
org/TR/html4/loose. dtd">
<html>
<head>
<meta charset = "utf - 8">
<title>代码 4-5 jQuery 图片轮播</title>
<script src = "js/jquery-2. 2. 4. js"  type = "text/javascript"></script>
<style type = "text/css">
* {
margin:0px;
padding:0px;
font-size:14px;
}
div. LunBo {
position:relative;
list-style-type:none;
height:450px;
width:600px;
}
div. LunBo ul li {
position:absolute;
height:450px;
width:600px;
left:0px;
top:0px;
display:none;
}
div. LunBo ul li. CurrentPic {
display:block;
}
div. LunBo div. LunBoNum {
position:absolute;
left:500px;
bottom:7px;
width:83px;
```

```
text-align:right;
background-color:#fff;
padding-left:10px;
}
div.LunBo div.LunBoNum span {
height:20px;
width:15px;
display:block;
line-height:20px;
text-align:center;
margin-top:5px;
margin-bottom:5px;
float:left;
cursor:pointer;
}
div.LunBo div.LunBoNum span.CurrentNum {
background-color:#09F;
}
</style>
</head>

<body>
<div class = "LunBo">
<ul>
<li class = "CurrentPic"><img src = "images/pic1.jpg"  width = "600"  height = "450"></li>
<li><img src = "images/pic2.jpg"width = "600"height = "450"></li>
<li><img src = "images/pic3.jpg"width = "600"height = "450"></li>
<li><img src = "images/pic4.jpg"width = "600"height = "450"></li>
<li><img src = "images/pic5.jpg"width = "600"height = "450"></li>
</ul>
<div class = "LunBoNum">
<span class = "CurrentNum">1</span>
<span>2</span>
<span>3</span>
<span>4</span>
<span>5</span>
</div>
</div>
<script type = "text/javascript"  language = "javascript">
```

```
var PicTotal = 5;
var CurrentIndex;
var ToDisplayPicNumber = 0;
$("div.LunBo div.LunBoNum span").click(DisplayPic);
function DisplayPic(){
//测试是父亲的第几个儿子
CurrentIndex = $(this).index();
//删除所有同级兄弟的类属性
$(this).parent().children().removeClass("CurrentNum")
//为当前元素添加类
$(this).addClass("CurrentNum");
//隐藏全部图片
var Pic = $(this).parent().parent().children("ul");
$(Pic).children().hide();
//显示指定图片
$(Pic).children("li").eq(CurrentIndex).show();
}
function PicNumClick(){
$("div.LunBo div.LunBoNum span").eq(ToDisplayPicNumber).trigger("click");
ToDisplayPicNumber = (ToDisplayPicNumber + 1) % PicTotal;
setTimeout("PicNumClick()",1000);
}
setTimeout("PicNumClick()",1000);
</script>
</body>
</html>
```

图 4-4　jQuery 图片轮播显示效果

第3篇

HTML5+CSS3基础

HTML5是下一代HTML的标准，目前仍处于发展阶段。与XHTML相比，HTML5是基于良好的设计理念，HTML5不但增加了很多新功能，还对涉及的细节做了明确的规定，具有革命性的进步。

第 5 章
使用 HTML5 开发网页

在学习 HTML5 之前，先了解一下 HTML5 的来龙去脉。

5.1 什么是 HTML5

HTML5 是用于取代 1999 年所制定的 HTML4.01 和 XHTML1.0 标准的 HTML 标准版本，现在仍处于发展阶段，但大部分浏览器已经支持某些 HTML5 技术。HTML5 有两大特点：首先，强化了 Web 网页的表现性能。其次，追加了本地数据库等 Web 应用的功能。广义论及 HTML5 时，实际指的是包括 HTML、CSS 和 JavaScript 在内的一套技术组合。它希望能够减少浏览器对于需要插件的丰富的网络应用服务（plug-in-based rich internet application，RIA），如 Adobe Flash、Microsoft Silverlight，与 Oracle JavaFX 的需求，并且提供更多能有效增强网络应用的标准集。

5.1.1 HTML5 特性

1. 化繁为简

HTML5 改进的方面有：

• 简化了 DOCTYPE；

＜!DOCTYPE html＞

• 简化了字符集声明；

• 以浏览器原生能力替代脚本代码的实现；

• 简单而强大的 HTML5 API。

2. 向下兼容

• HTML5 有很强的兼容性，允许存在不严谨的写法；

• 优雅降级：对于 HTML5 的一些新特性，如果旧的浏览器不支持，也不会影响页面显示。

• 支持合理存在的内容

HTML5 的设计者们花费了大量精力研究通用行为，例如很多人这样标记导航区域：

＜div id = "nav"＞//导航区域内容＜/div＞

在 HTML5 中：

＜nav＞//导航区域内容＜/nav＞

3. 解决实用性问题

• 关于绘图、多媒体、地理位置、实时获取信息等应用，HTML5 开发了一系列用于 Web 应用的接口。

• HTML5 规范定制是非常开放的，所有人都可以获取草案的内容，也可以参与进来提出宝贵的意见。

4．最终用户优先

HTML5 的设计理念是一种解决冲突的机制，如遇到无法解决的冲突，规范要求最终用户优先，即遵循如下顺序：用户＞编写 HTML5 的开发者＞浏览器厂商＞规范定制者＞理论的纯粹性。

5．通用访问

这个原则可以分成三个方面：

可访问性：HTML5 考虑了残障用户的需求，以屏幕阅读器为基础的元素也已经被添加到规范当中。

媒体中立：HTML5 规范不仅仅是为某些浏览器而设计的。也许有一天，HTML5 的新功能可以在不同的设备和平台上都能运行。

支持所有语种：例如新的＜ruby＞元素支持在东亚页面的排版中会用到的 Ruby 注释。

5.1.2　HTML5 的优势

对于用户和开发者而言，HTML5 的出现解决了之前 Web 页面的诸多问题。

1．易用性

语义及其 ARIA 的设计使得使用 HTML5 创建网站更加简单。新的 HTML5 标签像＜header＞、＜footer＞、＜nav＞、＜section＞、＜aside＞等等，使得阅读者更容易访问内容。在以前，即使定义了 class 或 id 阅读者也没有办法解示给出的 div 究竟是什么。使用新的语义定义标签，可以更好的了解 HTML 文档，并且创建一个更好的使用体验。

规范建议使用 ARIA（Accessible Rich Internet Applications）无障碍网页应用使 HTML5 应用程序更容易访问。这种方法提供了一些方式来定义动态 Web 内容和应用程序，以使具有各种不同的浏览习惯和身体缺陷的用户访问。例如，header、footer、navigation 或 aritcle 等，HTML5 将会验证、内建这些角色，可使内容更容易导航和理解。

2．简化了 DOCTYPE

简化了的 DOCTYPE 没有多余的 head 标签，最大的好处在于简单，它能在每一个浏览器中正常工作，即使是名声狼藉的 IE6。

3．跨浏览器支持

现代流行的浏览器都支持 HTML5，如 Chrome，Firefox，Safari，IE9 和 Opera 等，即使非常老的浏览器——IE6 都可以使用，这样老的 IE 可以通过添加 JavaScript 代码来使用新的元素：

```
＜!--[if lt IE 9]＞＜script src = "http://html5shiv.googlecode.com/svn/trunk/
html5.js"＞＜/script＞＜![endif]--＞
```

4．更清晰的代码

可以通过使用语义学的 HTML header 标签描述内容来解决网页结构和样式的问题。以前需要大量的使用 div 来定义每一个页面内容区域，但是使用新的＜section＞，＜article＞，＜header＞，＜footer＞，＜aside＞和＜nav＞标签，使代码更加清晰易读。

5. 视频和音频支持

淘汰了复杂且有一堆参数的媒体标签，不再使用 Flash 和其他第三方应用，让视频和音频通过 HTML5 标签＜video＞和＜audio＞来访问资源。

6. 更聪明的存储

HTML5 中最妙的特性就是本地存储。有一点像 Cookie 和客户端数据库的融合。它比 Cookie 更好用，因为支持多个 Windows 存储，它拥有更好的安全和性能，即使浏览器关闭后也可以保存。因为它是个客户端的数据库，不用担心用户删除任何 Cookie，并且所有主流浏览器都支持。

7. 更好的互动

HTML5 的＜canvas＞画图标签允许做更多的互动和动画，就像使用 Flash 达到的效果。除了＜canvas＞，HTML5 也拥有很多 API（Application Programming Interface，应用程序编程接口）允许创建更友好的用户体验和更动态的 Web 应用程序。

8. 游戏开发

HMTL5 有望成为网络游戏开发的热门新技术。HTML5 游戏能够运行于包括 iPhone 系列和 iPad 系列在内的计算机、智能手机以及平板电脑上。

9. 支持移动设备

HTML5 是最移动化的开发工具，随着 Adobe 宣布放弃 Flash 在移动端的开发，更多的人开始使用 HTML5 开发移动端 Web 应用，它可以在 iOS、Android、Blackberry 等各大手机平台上运行。

10. HTML5 是 Web APP 的未来

使用 HTML5 技术的 Web APP 是毋庸置疑的未来。HTML5 是 W3C 公开推出的互联网行业最新版本的 Web 标准，作为一项技术，HTML5 是最符合互联网精神的。HTML5 技术降低了对适配终端和应用的技术门槛，使得跨平台跨网络的低成本通用应用成为可能。使用 HTML5 技术后，Web APP 的核心优势有两个，一是开发模式进化为对复杂性的封装，二是具有卓越的互联互通特性。

5.2 HTML5 元素介绍

下面是 HTML5 的新功能。

5.2.1 文档头元素

HTML5 避免了不必要的复杂性，简化了 DOCTYPE 声明，简化了字符集声明。

1. 简化的 DOCTYPE 声明

XHTML 版的 DOCTYPE 声明代码很长，极少有人能够默写出来，通常采用复制/粘贴的方式添加，而 HTML5 中的 DOCTYPE 代码非常简单：

```
＜!DOCTYPE html＞
```

使用 HTML5 的 DOCTYPE 声明，则会触发浏览器以标准兼容的模式来显示页面。

2．简化的字符集声明

字符集的声明也是非常重要的，它决定了页面文件的编码方式，HTML5 将它简化为：

`<meta charset = "utf－8"/>`

在 HTML5 中 XHTML 的字符集声明方式和简化的字符集声明方式都可以使用，这是由 HTML5 向下兼容的原则决定的。

XHTML 的字符集声明方式如下：

`<meta http-equiv = "Content-Type"　content = "text/html;charset = utf－8"/>`

5.2.2　新增的元素

HTML5 新增了很多新的有意义的标签，为了方便记忆在此对它们进行了分类说明。

1．结构片段

典型的网页设计中常包含的信息元素有：头部、导航、主体内容、侧边内容和页脚。Google 从上百万的网页中分析了这些结构存在的合理性，针对其定义方式在 HTML5 中引入了文档结构相关联的结构元素，如表 5-1 所示。

表 5-1　结构片段

元素名称	描述
header	标识页面的页首，或内容区块的标头
nav	标识页面导航区块
section	标识页面的小节或部分
article	标识独立的主体内容区域，可以用于报纸文章、博客条目、用户评论、论坛帖子等
aside	标识页面非主体内容区域，该区域内容应该与附近的主体内容相关
footer	标识页面的页脚，或内容区块的注脚

下面使用这几个新的元素来构建一个简单的信息页面，并使用前面介绍的 DOCTYPE 和字符集，如代码 5-1 所示。

代码 5-1（a）　结构代码应用—结构代码

```
<!DOCTYPE HTML>
<html>
<head>
<title>代码 5-1 结构代码应用</title>
<meta charset = "utf－8">
<link rel = "stylesheet"　href = "style.css"/>
</head>
<body>
<header>
    <h1>北京邮电大学世纪学院</h1>
    <p>明德 励志 笃学 致用</p>
</header>
```

```
<nav>
  <ul>
    <li><a href = "#">学校首页</a></li>
    <li><a href = "#">资讯中心</a></li>
    <li><a href = "#">机构设置</a></li>
    <li><a href = "#">人才培养</a></li>
    <li><a href = "#">人才招聘</a></li>
    <li><a href = "#">招生就业</a></li>
    <li><a href = "#">校园写真</a></li>
  </ul>
</nav>
<div id = "container">
  <section>
    <article>
      <header>
        <h1>院系</h1>
      </header>
      <p>通信与信息工程系、电子与自动化系、计算机科学与技术系、经济管理系、
艺术与传媒学院、外语系、基础教学部、国际学院 8 个教学单位</p>

      <footer>
        <p>编辑于 2016 年 5 月 20 日</p>
      </footer>
    </article>
    <article>
      <header>
        <h1>师资</h1>
      </header>
      <p>学院院长由北京邮电大学副校长李杰研究员担任;授课教师由北京邮电大
学选派的教师、学院专职教师、外聘教师(含刚从高校退休的教师、业内相关的工程技术人员)
组成。学院现有教师 329 人,其中具有高级职称的教师达 32% 以上。</p>

      <footer>
        <p>编辑于 2016 年 5 月 20 日</p>
      </footer>
    </article>
  </section>
  <aside>
    <article>
      <h1>简介</h1>
```

<p>北京邮电大学世纪学院是经教育部批准,由北京邮电大学与北京学涵教育科技有限公司按照新的机制和新的办学模式合作举办的全日制本科普通高校,是教育部直属高校在京举办的第一所独立学院。
</p>
　　</article>
　</aside>
　<footer>
　　<p>版权所有 2016</p>
　</footer>
</div>
</body>
</html>

代码 5-1（b）　结构代码应用—样式表代码

```
body {
    font-family:Arial,Helvetica,sans-serif;
    margin:0px auto;
    max-width:700px;
    border:solid 0;
    border-color:#999;
    background-color:#ccc;
    padding:5px;
}
h1,h2,h3 {
    margin:0px;
    padding:0px;
}
h1 {
    font-size:36px;
}
h2 {
    font-size:24px;
    text-align:center;
}
h3 {
    font-size:18px;
    text-align:center;
    color:#33f;
}
header {
    background-color:#fff;
```

```
        display:block;
        color:#666;
        text-align:center;
        border-bottom:2px solid #fff;
}
header h1 {
        margin:0px;
        padding:5px;
        font-size:30px;
}
header p{
        margin:0px;
        padding:0;
        font-size:16px;
}
nav {
        text-align:left;
        display:block;
        background-color:#33F;
        height:30px;
        border-bottom:1px solid #333;
}
nav ul {
        padding:0;
        margin:0;
        list-style:none;
}
nav ul li {
        float:left;
        margin-left:20px;

}
nav ul li:hover{
        background-color:#666;

}
nav a:link,nav a:visited {
        display:block;
        text-decoration:none;
        font-weight:bold;
```

```css
        margin:5px;
        color:#e4e4e4;
    }
    nav a:hover {
        color:#FFFFFF;
    }
    nav h3 {
        margin:15px;
        color:#fff;
    }
    #container {
        background-color:#fff;
        text-align:left;
    }
    section {
        display:block;
        width:75%;
        float:left;
    }
    article {
        text-align:left;
        display:block;
        margin:10px;
        padding:10px;
        border:1px solid #33f;
    }
    article header {
        text-align:left;
        border-bottom:1px dashed #33f;
        padding:5px;
    }
    article header h1{
        font-size:18px;
        line-height:25px;
        padding:0;
    }
    article footer {
        text-align:left;
        padding:5px;
    }
```

```css
aside {
    text-align:left;
    display:block;
    width:25%;
    float:left;
}
aside article{
    background:#e4e4e4;
    border:1px solid #ccc;
}
aside h1 {
    margin:10px;
    color:#666;
    font-size:18px;
}
aside p {
    margin:10px;
    color:#666;
    line-height:22px;
}
footer {
    display:block;
    clear:both;
    border-top:1px solid #33f;
    color:#666;
    text-align:center;
    padding:10px;
}
footer p {
    font-size:14px;
    color:#666;
    margin:0;
    padding:0;
}
p{
    font-size:14px;
}
a {
    color:#33f;
}
```

```
a:hover {

    text-decoration:underline;

}
```

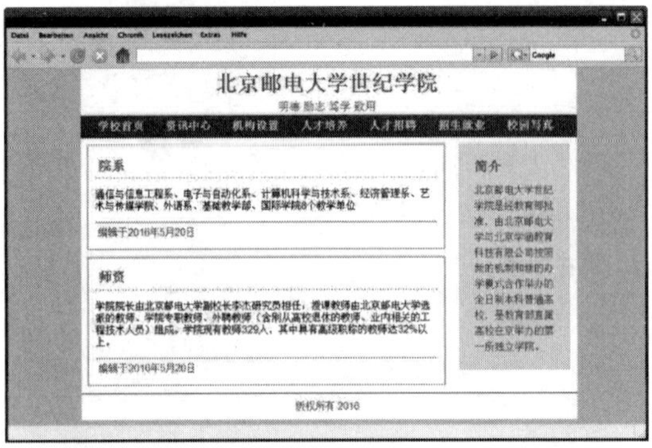

图 5-1　结构代码应用显示效果

2. 交互性元素

• ＜command＞标签定义命令按钮，比如单选按钮、复选框或按钮；当且仅当这个元素出现在＜menu＞元素里面时才会被显示，否则将只能作为键盘快捷方式的载体。

• ＜datalist＞标签定义选项列表。请与 input 元素配合使用该元素，来定义 input 可能的值。datalist 及其选项不会被显示出来，它仅仅是合法的输入值列表请使用 input 元素的 list 属性来绑定 datalist。

3. 进度信息

• ＜meter＞标签定义度量衡。仅用于已知最大值和最小值的度量。

• ＜progress＞标签定义运行中的进度（进程）。可以使用＜progress＞标签来显示 JavaScript 中耗费时间的函数的进度。

4. 内嵌应用元素及辅助元素

• ＜audio＞标签定义声音，比如音乐或其他音频流。

• ＜video＞标签定义视频，比如电影片段或其他视频流。

• ＜source＞标签为媒介元素（比如＜video＞和＜audio＞）定义媒介资源。

• ＜track＞标签为诸如 video 元素之类的媒介规定外部文本轨道。用于规定字幕文件或其他包含文本的文件，当媒介播放时，这些文件是可见的。

• ＜canvas＞标签定义图形，比如图表和其他图像。＜canvas＞标签只是图形容器，必须使用脚本来绘制图形。

• ＜embed＞标签定义嵌入的内容，比如插件。

5. 在文档和应用中使用的元素

• ＜details＞标签用于描述文档或文档某个部分的细节。

• ＜summary＞标签包含 details 元素的标题，“details” 元素用于描述有关文档或文档片段的详细信息。

• ＜figcaption＞标签定义 “figure” 元素的标题（caption）。

• ＜figure＞标签用于对元素进行组合。

- <hgroup>标签用于对网页或区段（section）的标题进行组合。

6. ruby 标签

- <ruby>标签定义 ruby 注释（中文注音或字符）。在东亚使用，显示的是东亚字符的发音。ruby 元素由一个或多个字符（需要一个解释/发音）和一个提供该信息的 rt 元素组成，还包括可选的 rp 元素，定义当浏览器不支持"ruby"元素时显示的内容。
- <rp>在 ruby 注释中使用，以定义不支持 ruby 元素的浏览器所显示的内容。
- <rt>标识字符（中文注音或字符）的解释或发音。

7. 文本和文本标记元素

- <bdi>标签允许设置一段文本，使其脱离其父元素的文本方向设置。在发布用户评论或其他无法完全控制的内容时，该标签很有用。
- <mark>标签定义带有记号的文本。请在需要突出显示文本时使用<m>标签。
- <time>标签定义日期或时间，或者两者。
- <output>标签定义不同类型的输出，比如脚本的输出。

8. 其他元素

- <keygen>标签规定用于表单的密钥对生成器字段。当提交表单时，私钥存储在本地，公钥发送到服务器。
- <wbr>（Word Break Opportunity）规定在文本中的何处适合添加换行符。

5.3　HTML5 多媒体应用

在 HTML 早期版本中，要播放音频和视频都要借助第三方插件或 Flash 来实现，比如通过<embed>嵌入一个 Windows media player 来播放 MP3 文件，现在 HTML5 也支持音频和视频的功能了。在支持 HTML5 的浏览器中，不需要安装任何插件就能播放音频和视频。HTML5 提供了两个重要元素——audio 和 video，分别用于实现音频和视频。

5.3.1　HTML5 多媒体应用基础知识

HTML5 对多媒体的支持目前还没有规范完整，各种浏览器的支持差别很大。在理解 HTML5 的 audio 和 video 元素前，有必要先了解一下多媒体技术的相关知识。

1. 理解音频格式

目前，HTML5 仅支持 3 种音频格式：

- OGG Vorbis 音频：OGG Vorbis 是一种新的音频压缩格式，类似于 MP3 等现有的音乐格式。但有一点不同的是，它是完全免费、开放和没有专利限制的。使用 OGG 文件的显著好处是可以用更小的文件获得优越的声音质量，在当前的聆听测试中，同样位速率编码的 Vorbis 和 MP3 文件具有同等的声音质量，并且它还支持多声道。Ogg Vorbis 文件的扩展名是 .OGG。
- MP3 音频：MP3 是一种音频压缩技术，其全称是动态影像专家压缩标准音频层面 3（Moving Picture Experts Group Audio Layer III），简称为 MP3。它被设计用来大幅度地降低音频数据量。利用 MPEG Audio Layer 3 的技术，将音乐以 1∶10 甚至 1∶12 的压缩率，压缩成容量较小的文件，而对于大多数用户来说重放的音质与最初的不压缩音频相比没有明显的下降。MP3 文件的扩展名是 .mp3。

• WAV 音频：WAV 为微软公司（Microsoft）开发的一种声音文件格式，用于保存 Windows 平台的音频信息资源，被 Windows 平台及其应用程序所广泛支持，标准格式化的 WAV 文件和 CD 格式一样，也是 44.1K 的取样频率，16 位量化数字，因此在声音文件质量和 CD 相差无几。WAV 音频格式的优点包括：简单的编解码、普遍的认同、支持以及无损耗存储。WAV 格式的主要缺点是需要音频存储空间。对于小的存储限制或小带宽应用而言，这可能是一个重要的问题。WAV 音频文件的扩展名是 .wav。

HTML5 支持的音频格式在各浏览器及各版本支持情况不同，如表 5-2 所示。

表 5-2　不同浏览器 HTML5 音频格式支持情况表

格式	IE9	Firefox3.5	Opera10.5	Chrome3.0	Safari3.0
OGG	不支持	支持	支持	支持	不支持
MP3	支持	不支持	不支持	支持	支持
WAV	不支持	支持	支持	不支持	支持

IE8 以及 IE8 以下不支持 HTML5 的 audio 标签。

随着浏览器版本的更新，音频格式的支持情况会有不同。

2. 理解视频格式

HTML5 的 video 元素目前支持几种主流的视频编码格式：

• Ogg 视频：扩展名为 .ogg 的视频文件格式，是有 Theora（由 Xiph.Org 基金会开发）提供有损的图像层面，而通常用音乐导向的 Vorbis 编解码器作为音效层面。这种格式提供较好的图像效果和较小的视频体积。

• H.264 编码视频：H.264 是国际标准化组织（ISO）和国际电信联盟（ITU）共同提出的继 MPEG4 之后的新一代数字视频压缩格式。它的优势是低码率（Low Bit Rate）、高质量的图像、容错能力强、网络适应性强。其最大的优势是具有很高的数据压缩比率，在同等图像质量的条件下，H.264 的压缩比是 MPEG-2 的 2 倍以上，是 MPEG-4 的 1.5～2 倍。经过 H.264 压缩的视频数据，在网络传输过程中所需要的带宽更少，也更加经济。

• WebM 格式：WebM 由 Google 提出，是一个开放、免费的媒体文件格式。WebM 标准的网络视频更加偏向于开源并且是基于 HTML5 标准的，WebM 项目旨在为对每个人都开放的网络开发高质量、开放的视频格式，其重点是解决视频服务这一核心的网络用户体验。

如需要使用视频格式不在以上几种之列，则可使用第三方软件转换视频格式为 HTML5 支持格式。

HTML5 支持的视频格式在各浏览器及各版本支持情况不同，如表 5-3 所示。

表 5-3　不同浏览器 HTML5 视频格式支持情况表

格式	IE	Firefox	Opera	Chrome	Safari
Ogg	不支持	3.5＋	10.5＋	5.0＋	不支持
H.264	9.0＋	不支持	不支持	5.0＋	3.0＋
WebM	不支持	4.0＋	10.6＋	6.0＋	不支持

5.3.2　使用 audio 和 video 元素

在 HTML5 标准网页里面，可以运用 audio 标签和 vides 标签来完成对声音和视频的调用及播放。

audio 和 vides 的属性，如表 5-4 所示。

表 5-4　audio 和 vides 的属性

属性	值	说明
autoplay	autoplay	如果出现该属性，则音频在就绪后马上播放
controls	controls	如果出现该属性，则向用户显示控件，比如播放按钮
loop	loop	如果出现该属性，则每当音频结束时重新开始播放
preload	preload	如果出现该属性，则音频在页面加载时进行加载，并预备播放。如果使用" autoplay"，则忽略该属性
src	url	要播放的音频的 URL
poster（video 独有属性）	url	制定一幅替代图像的 URL 地址，当视频不可用时，会显示该替代图像
width 和 height（video 独有属性）	pixels	用于制定视频的宽度和高度，单位是像素

以下是最经常见到的运用 HTML5 三种基本格式：

（1）最少的代码

```
＜audio src = "song. ogg"controls = "  controls"＞＜/audio＞
```

或

```
＜video src = "video. ogg"controls = "  controls"＞＜/video＞
```

图 5-2　audio 元素 controls 属性 Chrome 浏览器效果图

（2）带有不兼容提醒的代码

```
＜audio src = "song. ogg"  controls = "controls"＞
您的浏览器不支持播放音乐文件
＜/audio＞
```

或

```
＜video src = "video. ogg"  controls = "controls"＞
您的浏览器不支持播放视频文件
＜/video＞
```

（3）尽量兼容浏览器的写法

```
＜audio controls = "controls"＞
＜source src = "song. ogg"  type = "audio/ogg"＞
```

```
<source src = "song. mp3"  type = "audio/mpeg">
您的浏览器不支持播放音乐文件
</audio>
或
<video controls = "controls">
<source src = "video.ogg"  type = "video/ogg">
<source src = "video.mp3"  type = "video/mp4">
您的浏览器不支持播放视频文件
</video>
```

5.3.3　audio 和 video 元素的多媒体编程

audio 和 video 提供了接口属性（properties）、接口方法和接口事件，进行多媒体的编程。

（1）audio 和 video 的属性

表 5-5　audio 和 video 标签接口属性

属性	描述
audioTracks	返回表示可用音轨的 AudioTrackList 对象
autoplay	设置或返回是否在加载完成后随即播放音频/视频
buffered（只读）	返回表示音频/视频已缓冲部分的 TimeRanges 对象
controller	返回表示音频/视频当前媒体控制器的 MediaController 对象
controls	设置或返回音频/视频是否显示控件（比如播放/暂停等）
crossOrigin	设置或返回音频/视频的 CORS 设置
currentSrc	返回当前音频/视频的 URL
currentTime（只读）	设置或返回音频/视频中的当前播放位置（以秒计）
defaultMuted	设置或返回音频/视频默认是否静音
defaultPlaybackRate	设置或返回音频/视频的默认播放速度
duration（只读）	返回当前音频/视频的长度（以秒计）
ended（只读）	返回音频/视频的播放是否已结束
error（只读）	返回表示音频/视频错误状态的 MediaError 对象 有 4 个错误状态值： MEDIA ＿ ERR ＿ ABORTED（值为 1）：终止。媒体资源下载过程中，由于用户操作原因而被终止 MEDIA ＿ ERR ＿ NETWORK（值为 2）：网络中断。媒体资源可用，但下载出现网络错误而终止 MEDIA ＿ ERR ＿ DECODE（值为 3）：解码错误。媒体资源可用，但解码时发生了错误 MEDIA ＿ ERR ＿ SRC ＿ NOT ＿ SUPPORTED（值为 4）：不支持格式。媒体格式不被支持
loop	设置或返回音频/视频是否应在结束时重新播放

续表

属性	描述
mediaGroup	设置或返回音频/视频所属的组合（用于连接多个音频/视频元素）
muted	设置或返回音频/视频是否静音
networkState（只读）	返回音频/视频的当前网络状态
paused（只读）	设置或返回音频/视频是否暂停
playbackRate	设置或返回音频/视频播放的速度
played（只读）	返回表示音频/视频已播放部分的 TimeRanges 对象
preload	设置或返回音频/视频是否应该在页面加载后进行加载
readyState（只读）	返回音频/视频当前的就绪状态 有 5 个值： HAVE_NOTHING（值为 0）：还没有获取到媒体文件的任何信息 HAVE_METADATA（值为 1）：已获取到媒体文件的元数据 HAVE_CURRENT_DATA（值为 2）：已获取到当前播放位置的数据，但没有下一帧的数据 HAVE_FUTURE_DATA（值为 3）：已获取到当前播放位置的数据，且包含下一帧的数据 HAVE_ENOUGH_DATA（值为 4）：已获取足够的媒体数据，可正常播放
seekable（只读）	返回表示音频/视频可寻址部分的 TimeRanges 对象
seeking（只读）	返回用户是否正在音频/视频中进行查找
src	设置或返回音频/视频元素的当前来源
startDate	返回表示当前时间偏移的 Date 对象
textTracks	返回表示可用文本轨道的 TextTrackList 对象
videoTracks	返回表示可用视频轨道的 VideoTrackList 对象
volume	设置或返回音频/视频的音量
videoWidth （只读，video 元素特有属性）	获取视频原始的宽度
videoHeight （只读，video 元素特有属性）	获取视频原始的高度

代码 5-2 演示了接口属性的使用，执行视频播放快进效果。

代码 5-2　视频播放快进

```
<!DOCTYPEHTML>
<html>
<head>
<meta charset = "utf-8">
<title>代码 5-2 播放快进</title>
<script type = "text/javascript">
function Forward(){
```

```
        var el = document.getElementById("myPlayer");
        var time = el.currentTime;           /＊获取属性 currentTime＊/
        el.currentTime = time + 600;         /＊设置属性 currentTime,快进 600s＊/
    }
</script>
</head>
<body>
<video id = "myPlayer"  width = "600"  controls>
<source src = "resources/video.mp4"  type = "video/mp4">
你的浏览器不支持 video 元素
</video><br>
<input type = "button"  value = "快进"  onClick = "Forward()"/>
</body>
</html>
```

代码 5-2 中，脚本获取 video 对象的 currentTime，加上 600 秒，再赋值给对象的 currentTime 属性，即每次快进 10 分钟。接口熟悉是只读的，则只能获取该属性的值，不能给该属性赋值。接口属性不能用于 audio 和 video 标签中，只能通过脚本访问。

（2）audio 和 video 的方法

HTML5 为 audio 和 video 元素提供了同样的接口方法，如表 5-6 所示。

表 5-6 audio 和 video 标签接口方法

方法	描述
load()	加载媒体文件，为播放做准备。通常用于播放前的预加载；还会用于重新加载媒体文件
play()	播放媒体文件。如果视频没有加载，则加载并播放；如果是暂停的，则变为播放，自动把 paused 属性变为 false
pause()	暂停播放媒体文件。自动把 paused 属性变为 true
canPlayType()	测试浏览器是否支持指定的媒体类型。该方法语法如下：canPlayType（<type>） <type>：指定的媒体类型，与 source 元素的 type 参数的指定方法相同。指定方式如："video/mp4"，指定为媒体文件的 MIME 类型，该属性值还可以通过 codes 参数制定编码格式 该方法有 3 个返回值： 空字符串：表示浏览器不支持指定的媒体类型 maybe：表示浏览器可能支持指定的媒体类型 probably：表示浏览器确定支持指定的媒体类型

代码 5-3 演示了接口方法的使用，执行播放与暂停效果。

代码 5-3 播放与暂停

```
<!DOCTYPEHTML>
<html>
<head>
<meta charset = "utf - 8">
```

```
<title>代码 5-3 播放与暂停</title>
<script type = "text/javascript">
var videoEl = null;
function Play(){
        videoEl. play();          /*播放视频*/
}
function Pause(){
        videoEl. pause();         /*暂停播放*/
}
window. onload = function(){
        videoEl = document. getElementById("myPlayer");
}
</script>
</head>
<body>
<video id = "myPlayer"  src = "video. mp4"  width = "600"  controls>
你的浏览器不支持 video 元素
</video><br>
<div id = "time"></div>
<input type = "button"  value = "播放"  onclick = "Play()"/>
<input type = "button"  value = "暂停"  onclick = "Pause()"/>
</body>
</html>
```

代码 5-3 中，设置了两个按钮，用来控制"播放"和"暂停"。"播放"按钮定义的 play()
函数执行视频的接口方法 play()；"暂停"按钮通过定义 pause() 函数执行视频的接口方法
pause()。有了这些接口方法和接口属性，可以自定义控制条。

（3）audio 和 video 的事件

audio 和 video 标签属于 html5 中的媒体标签，所以具有 html5 中的所有媒体事件。事
件类型如表 5-7 所示。

表 5-7　audio 和 video 标签接口事件

事件	描述
canplay	当媒介能够开始播放但可能因缓冲而需要停止时运行脚本
canplaythrough	当媒介能够无须因缓冲而停止即可播放至结尾时运行脚本
durationchange	当媒介长度改变时运行脚本
emptied	当媒介资源元素突然为空时（网络错误、加载错误等）运行脚本
ended	当媒介已抵达结尾时运行脚本
error	当在元素加载期间发生错误时运行脚本
onloadeddata	当加载媒介数据时运行脚本

续表

事件	描述
loadedmetadata	当媒介元素的持续时间以及其他媒介数据已加载时运行脚本
loadstart	当浏览器开始加载媒介数据时运行脚本
pause	当媒介数据暂停时运行脚本
play	当媒介数据将要开始播放时运行脚本
playing	当媒介数据已开始播放时运行脚本
progress	当浏览器正在取媒介数据时运行脚本
ratechange	当媒介数据的播放速率改变时运行脚本
readystatechange	当就绪状态（ready-state）改变时运行脚本
seeked	当媒介元素的定位属性不再为真，且定位已结束时运行脚本
seeking	当媒介元素的定位属性为真，且定位已开始时运行脚本
stalled	当取回媒介数据过程中（延迟）存在错误时运行脚本
suspend	当浏览器已在取媒介数据但在取回整个媒介文件之前停止时运行脚本
timeupdate	当媒介改变其播放位置时运行脚本
volumechange	当媒介改变音量亦或当音量被设置为静音时运行脚本
waiting	当媒介已停止播放但打算继续播放时运行脚本

捕获事件有两种方法：一种是添加事件句柄；一种是监听。

在 audio 和 video 标签中添加事件句柄：

＜video id＝"myPlayer"　src＝"video.mp4"　width＝"600"　onplay＝"video_pla-ying()"＞＜/video＞

监听方式：

var videoIl＝document.getElementById("myPlayer")；

videoEl.addEventListener("play",video_playing)；

代码 5-4 演示了接口事件的使用，执行自定义播放工具条的效果。

代码 5-4　自定义播放工具条的效果

HTML5 结构部分：

…

＜body＞

＜video id＝"myPlayer"　src＝"resources/video.mp4"　onClick＝"Play()"＞你的浏览器不支持 video 元素＜/video＞

＜div id＝"controls"＞＜!—播放工具条 --＞

＜div id＝"bar"＞＜!—进度条 --＞

＜div id＝"progresss"＞＜/div＞

＜/div＞

＜div id＝"slow"　class＝"but"　onClick＝"Slow()"＞7＜/div＞＜!—慢进 --＞

＜div id＝"play"　class＝"but"　onClick＝"Play(this)"＞4；＜/div＞＜!—播放、暂停 --＞

```html
<div id = "fast"  class = "but"  onClick = "Fast()">8</div><!—快进 -->
<div id = "prev"  class = "but"  onClick = "Prev()">9</div><!—后退 -->
<div id = "next"  class = "but"  onClick = "Next()">:</div><!—前进 -->
<div id = "muted"  onClick = "Muted(this)">X</div><!—静音控制 -->
<div class = "volume">
<input id = "volume"type = "range"  min = "0"  max = "1"  step = "0.1"  onChange = "Volume(this)"/>
</div>
<div class = "info"><span id = "rate">1</span>fps <span id = "info"></span><!—速率和时间进度的信息 -->
</div>
</div>
</body>
</html>
```

CSS3 样式表部分：

...

```css
<style type = "text/css">
#controls {
        width:720px;
        margin-top: -3px;
        height:60px;
        background-image:-moz-linear-gradient(top, #ccc, #999);
        background-image:-webkit-gradient(linear, left top, left bottom, from( #ccc), to
( #999));
}
#controls #bar {
        width:720px;
        height:5px;
        background-color: #069;
        padding:1px 0;
        margin-bottom:5px;
        cursor:pointer;
}
#controls #bar #progresss {
        width:420px;
        height:5px;
        background-color: #F90;
        border-radius:2px;
}
#controls .but {
```

```
        font-family:Webdings;
        background:-moz-linear-gradient(top,#666,#333);
        background:-webkit-gradient(linear,left top,left bottom,from(#666),to
(#333));
        cursor:pointer;
        width:20px;
        line-height:20px;
        text-align:center;
        color:#CCC;
        border-radius:15px;
        float:left;
    }
    #controls .but:hover {
        background:-moz-linear-gradient(top,#06c,#069);
        background:-webkit-gradient(linear,left top,left bottom,from(#06c),to
(#069));
    }
    #controls #slow,#controls #fast,#controls #prev,#controls #next {
        padding:5px;
        margin:5px;
        font-size:16px;
    }
    #controls #play {
        padding:10px;
        font-size:24px;
        border-radius:20px;
    }
    #controls #muted {
        font-family:Webdings;
        font-size:30px;
        width:25px;
        float:left;
        margin:5px 0;
        padding:5px 0;
        line-height:20px;
        color:#333;
        cursor:pointer;
    }
    #controls .volume {
        float:left;
```

```css
        margin:5px 0;
        padding:5px 0;
}
#controls . volume input {
        cursor:pointer;
}
#controls . info {
        float:right;
        padding:10px;
        color:#666;
}
```
`</style>`
`</head>`
…

JavaScript 脚本部分：

…

```html
<script type = "text/javascript">
/*定义全局视频对象*/
var videoEl = null;
/*网页加载完毕后,读取视频对象*/
window. addEventListener("load",function(){
    videoEl = document. getElementById("myPlayer")
});
</script>
<script type = "text/javascript">
/*播放/暂停*/
function Play(e){
        if(videoEl. paused){
                videoEl. play();
                document. getElementById("play"). innerHTML = ";"
        }else{
                videoEl. pause();
                document. getElementById("play"). innerHTML = "4"
        }
}
/*后退*/
function Prev(){
    videoEl. currentTime - = 60;
}
/*前进*/
```

```
function Next(){
    videoEl.currentTime += 60;
}
</script>
<script type = "text/javascript">
/*慢进*/
function Slow(){
    if(videoEl.playbackRate <= 1)
        videoEl.playbackRate -= 0.2;
    else{
        videoEl.playbackRate -= 1;
    }
        document.getElementById("rate").innerHTML = fps2fps(videoEl.playbackRate);
}
/*快进*/
function Fast(){
    if(videoEl.playbackRate < 1)
        videoEl.playbackRate += 0.2;
    else{
        videoEl.playbackRate += 1;
    }
    document.getElementById("rate").innerHTML = fps2fps(videoEl.playbackRate);
}
/*速率数值处理*/
function fps2fps(fps){
    if(fps < 1)
        return fps.toFixed(1);
    else
        return fps
}
</script>
<script type = "text/javascript">
/*静音*/
function Muted(e){
    if(videoEl.muted){
        videoEl.muted = false;            /*消除静音*/
        e.innerHTML = "X";                /*显示声音的文字图标*/
        document.getElementById("volume").value = videoEl.volume;/*还原音量*/
    }else{
        videoEl.muted = true;             /*静音*/
```

```
                e. innerHTML = "x";                    /*显示静音的文字图标*/
                document. getElementById("volume"). value = 0；  /*音量修改为 0*/
            }
    }
    /*调整音量*/
    function Volume(e){
            videoEl. volume = e. value;                    /*修改音量的值*/
    }
</script>
<script type = "text/javascript">
/*进度信息：控制进度条,并显示进度时间*/
function Progresss(){
        var el = document. getElementById("progresss");
        el. style. width = (videoEl. currentTime/videoEl. duration) * 720 + "px"
        document. getElementById("info"). innerHTML = s2time(videoEl. currentTime)
+ "/" + s2time(videoEl. duration);
    }
    /*把秒处理为时间格式*/
    function s2time(s){
            var m = parseFloat(s/60). toFixed(0);
            s = parseFloat(s % 60). toFixed(0);
            return(m<10?"0" + m:m) + ":" + (s<10?"0" + s:s);
    }
    /*网页加载完毕后,把进度处理函数添加至视频对象的 timeupdate 事件中*/
    window. addEventListener("load",function(){videoEl. addEventListener("timeup-
date",Progresss)});
    /*给 window. onload 事件添加进度处理函数*/
    window. addEventListener("load",Progresss);
</script>
    …
```

图 5-3　自定义播放工具条的效果图

5.4　HTML5 表单

HTML5 对表单的发展，是适应互联网发展的需要，也适应开发者的需要。

在实际的表单应用中，一些特殊的数据输入需要一个独立的规则，如邮件、网址等，会为其提供一个特定的格式限定和验证。HTML5 将验证表单的功能作为表单本身具有的功能，原生的被支持。

由于 HTML5 规范还在渐进发展中，各个浏览器的支持程度也不一样，因此在使用 HTML5 表单时最好提供替代解决方案。

根据 HTML5 的设计原则，在旧浏览器中，新的表单空间会平滑的降级，不需要判断浏览器的支持情况。

5.4.1　新增表单输入类型

如表 5-8 所示，新增的表单类型方便进行表单的验证，下面针对 input 元素的类型进行介绍。

表 5-8　HTML5 新增 input 元素的类型

类型值	描述	类型值	描述
color	定义拾色器	email	定义用于 e-mail 地址的文本字段
date	定义日期字段（带有 calendar 控件）	number	定义带有 spinner 控件的数字字段
datetime	定义日期字段（带有 calendar 和 time 控件）	range	定义带有 slider 控件的数字字段
datetime-local	定义日期字段（带有 calendar 和 time 控件）	search	定义用于搜索的文本字段
month	定义日期字段的月（带有 calendar 控件）	tel	定义用于电话号码的文本字段
week	定义日期字段的周（带有 calendar 控件）	url	定义用于 URL 的文本字段
time	定义日期字段的时、分、秒（带有 time 控件）		

1. 输入类型-color

color 输入类型用于规定颜色。该输入类型允许从拾色器中选取颜色：

Color：<input type = "color"　name = "color"/>

2. 日期和时间选择器

HTML5 拥有多个供选择日期和时间的新的输入类型：

- date-选择日、月、年。
- month-选择月、年。
- week-选择周、年。
- time-选择时间（时、分）。
- datetime-选择时间、日期、月、年（UTC 时间）。
- datetime-local-选择时间、日期、月、年（本地时间）。

3. 输入类型-email

email 输入类型用于应该包含电邮地址的输入字段。当提交表单时，会自动地对 email 字段的值进行验证。

4. 输入类型-number

number 输入类型用于包含数字值的输入字段。可以设置可接受数字的限制。

Points：`<input type = "number"　name = "points"　min = "1"　max = "10"/>`

请使用下面的属性来为 number 类型规定限制，如表 5-9 所示。

表 5-9　number 类型规定限制

属性	值	描述
max	number	规定允许的最大值
min	number	规定允许的最小值
step	number	规定合法数字间隔（如果 step＝"3"，则合法的数字是－3，0，3，6，以此类推）
value	number	规定默认值

iPhone 的 Safari 浏览器会识别 number 输入类型，然后改变触摸屏的键盘来适应它（显示数字）。

5. 输入类型-range

range 输入类型用于应该包含指定范围值的输入字段。range 类型显示为滑块。

也可以设置可接受数字的限制：

`<input type = "range"　name = "points"　min = "1"　max = "10"/>`

用下面的属性来规定 range 类型的限定：

表 5-10　range 类型限定

属性	值	描述
max	number	规定允许的最大值
min	number	规定允许的最小值
step	number	规定合法数字间隔（如果 step＝" 3"，则合法的数字是－3，0，3，6，以此类推）
value	number	规定默认值

5.4.2　新增表单属性及元素

使用 HTML5 表单的某些属性，可以写更少的代码，并能解决传统页面开发中碰到的一些问题。

1. form 属性

通常情况下，从属于表单的元素必须放在表单内部。但在 HTML5 中，从属于表单的元素可以放在页面的任何位置，然后通过制定该元素的 form 属性值为表单的 id，这样元素就从属于表单了。参见如下代码片段：

`<input name = "name"　type = "text"　form = "form1"　required />`

`<form id = "form1">`

`<input type = "submit"　value = "提交"/>`

`</form>`

2. formaction 属性

每个表单都会通过 action 属性把表单内容提交到另外一个页面。在 HTML5 中，为不同的提交按钮分别加了 formaction 属性，该属性会覆盖表单的 action 属性，将表单提交至不同的页面。参加如下代码片段：

```
<form id = "form1"  method = "post"  action = "?">
    <input name = "name"  type = "text"form = "form1"/>
    <input type = "submit"  value = "提交到 Page1"formaction = "? page = 1"/>
    <input type = "submit"  value = "提交到 Page2"formaction = "? page = 2"/>
    <input type = "submit"  value = "提交到 Page3"formaction = "? page = 3"/>
    <input type = "submit"  value = "提交"/>
</form>
```

3. formmethod、formenctype、formnovalidate、formtarget 属性

这 4 个属性的使用方法与 formaction 属性一致，设置在提交按钮上，可以覆盖表单的相关属性。formmethod 属性覆盖表单的 method 属性；formenctype 属性可以覆盖表单的 enctype 属性；formnovalidate 属性可以覆盖表单的 novalidate 属性；formtarget 属性可覆盖表单的 target 属性。

4. placeholder 属性

当用户没有把焦点定位在输入文本框时，可使用 placeholder 属性向用户提示描述信息，当该输入框获得焦点时，该提示信息消失。参考如下代码片段：

```
<input name = "name"  type = "text"  placeholder = "请输入关键词"/>
```

placeholder 属性还可以用于 input 元素的其他输入类型，如 url、email、number、tel、password 和 search 等。

5. autofocus 属性

使用 autofocus 属性可以用于 input 元素的所有类型。当页面加载完后，可以自动获得焦点。每个页面只允许有一个 autofocus 属性的 input 元素。如果为多个 input 元素指定了 autofocus 属性，则相当于未指定。

6. autocomplete 属性

IE 早起版本就已经支持 autocomplete 属性，该属性可以应用于 form 元素和 input 元素，用于表单的自动完成。autocomplete 属性会把输入的历史记录下来，当再次输入时，会把历史记录显示在下拉列表中，以实现自动完成输入。

autocomplete 属性有 3 个值，可指定"on"、"off"和""（不指定）。不指定值时，则浏览器使用默认设置。由于各个浏览器的默认值不尽相同，因此当需要使用该属性时，最好显式地制定该属性。

7. list 属性和 datalist 元素

通过组合使用 list 属性和 datalist 元素，可以为 input 元素定义一个选值列表。使用 datalist 元素构造选值列表；设置 input 元素的 list 属性值为 datalist 元素的 id 值，可实现两者的绑定。参考如下代码片段：

```
<input name = "email"  type = "email"  list = "emaillist"/>
```

```
<datalist id = "emaillist">
    <option value = "test1@test.com">test1@test.com</option>
    <option value = "test2@test.com">test2@test.com</option>
</datalist>
```

8. keygen 元素

keygen 元素提供了一个安全的方式来验证用户。该元素有密钥生成功能，当提交表单时，会生成一个私人密钥和一个公共密钥。私人密钥保存在客户端，公共密钥上传至服务器。这样的加密方式为网络安全提供了更好的保障。

keygen 元素提供了中级和高级加密算法，显示为一个类似 select 元素的下拉列表，可以选择加密等级。

9. output 元素

output 元素用于不同类型的输出，如用于计算结果或脚本输出等。output 元素必须从属于某个表单，需要写在表单内部。参考如下代码片段：

```
<form oninput = "a.value = volume.value">
    <input type = "range"  name = "volume"  value = "50"/>
    <output name = "a"></output>
</form>
```

上面的代码片段中 input 的 range 类型显示为一个滑块，不显示数值，因此使用 output 元素协助显示其值。

5.4.3　表单验证

HTML5 表单技术中不但增加了很多属性，还为表单的验证提供了极大的方便。首先，HTML5 为表单提供了与验证有关的表单元素属性；其次，HTML5 支持 JavaScript 脚本语言通过与表单验证有关的对象、属性、方法和事件实现更简洁有效的表单验证。关于 JavaScript 脚本语言的系统知识还需另外学习，在此不做详细讲解。

1. 与表单验证有关的表单属性

• required 属性：一旦表单内部的元素设置了该属性，则此项不能为空，否则无法提交表单。

• pattern 属性：为 input 元素定义一个验证模式。该属性是一个正则表达式，提交时会检查输入的内容是否符合给定的格式，不符合则不能提交。参见如下代码片段，要求输入 6 位 0~9 之间的自然数：

```
<input name = "name"  type = "text"  value = ""  patern = "[0-9]{6}"  place-
holder = "6 位邮政编码"/>
```

• min、max 和 step 属性：专门用于指定针对数字或日期的限制。min 表示最小值；max 表示最大值；step 表示间隔步长。

• novalidate 属性：用于指定表单或表单内元素提交时不验证。如 form 元素应用该属性，则表单中的所有元素在提交时都不再验证。

2. JavaScript 脚本表单验证的对象－ValidityState 对象

ValidityState 对象是通过 validity 属性（参看下一点）获取的，该对象有 8 个属性，分别验证 8 方面的错误，属性值均为布尔值（true 或 false）。

• valueMissing 属性：必填的表单元素的值为空。如表单设置了 required 属性，则为必填。如必填值为空，则无法通过验证，valueMissing 属性会返回 true，否则返回 false。

• typeMismatch 属性：输入值与 type 类型不匹配。HTML5 表单类型如 email、url、number 等，都包含一个元素类型验证。如果用户输入内容与表单类型不符，则 typeMismatch 属性会返回 true，否则返回 false。

• patternMismatch 属性：输入值与 pattern 属性的正则不匹配。表单元素可通过 pattern 属性设置正则表达式的验证模式。如果输入的内容不符合验证模式的规则，则 pattern-Mismatch 属性将返回 true，否则返回 false。

• tooLong 属性：输入的内容超过了表单元素的 maxLength 属性限定的字符长度。表单元素可使用 maxLength 属性设置输入内容的最大长度。虽然在输入的时候会限制表单内容的长度，但在某种情况下，如通过程序设置，还是会超出最大长度限制。如果输入的内容超过了最大长度限制，则 tooLong 属性返回 true，否则返回 false。

• rangeUnderflow 属性：输入的值小于 min 属性的值。一般用于填写数值的表单元素，都可能会使用 min 属性设置数值范围的最小值。如果输入的数值小于最小值，则 rangeUnderflow 属性返回 true，否则返回 false。

• rangeOverflow 属性：输入的值大于 max 属性的值。一般用于填写数值的表单元素，也可能会使用 max 属性设置数值范围的最大值。如果输入的数值大于最大值，则 rangeOverflow 属性返回 true，否则返回 false。

• stepMismatch 属性：输入的值不符合 step 属性所推算出的规则。用于填写数值的表单元素，可能需要同时设置 min、max 和 step 属性，这就限制了输入的值必须是最小值与 step 属性值的倍数之和。如范围从 0 到 10，step 属性值为 2，因为合法值为该范围内的偶数，其他数值均无法通过验证。如果输入值不符合要求，则 stepMismatch 属性返回 true，否则返回 false。

• customError 属性：使用自定义的验证错误提示信息。有时候，不太适合使用浏览器内置的验证错误提示信息，需要自己定义。当输入值不符合语义规则时，会提示自定义的错误提示信息。通常使用 setCustomValidity() 方法自定义错误提示信息：setCustomValidity（message）会把错误提示信息自定义为 message，此时 customError 属性值为 true；setCustomValidity（""）会清除自定义的错误信息，此时 customError 属性值为 false。

3. JavaScript 脚本表单验证的属性

表单验证的属性均是只读属性，用于获取表单验证的信息。

• validity 属性：该属性获取表单元素的 ValidityState 对象，该对象包含 8 个方面的验证结果。ValidityState 对象会持续存在，每次获取 validity 属性时，返回的是同一个 ValidityState 对象。以一个 id 属性为"username" 的表单元素为例，validity 属性的使用方法如下：

　var validityState = document. getElementById("username"). validity;

• willValidate 属性：该属性获取一个布尔值，表示表单元素是否需要验证。如果表单元素设置了 required 属性或 pattern 属性，则 willValidate 属性的值为 true，即表单的验证将会执行。仍然以一个 id 属性为" username" 的表单元素为例，willValidate 属性的使用方法如下：

　var willValidate = document. getElementById("username"). willValidate;

• validationMessage 属性：该属性获取当前表单元素的错误提示信息。一般设置 reuired 属性的表单元素，其 validationMessage 属性值一般为"请填写此字段"。仍然以一个 id 属性为"username"的表单元素为例，validationMessage 属性的使用方法如下：

```
var validationMessage = document. getElementById("username"). validationMessage;
```

4. JavaScript 脚本表单验证的事件

HTML5 为用户提供了一个表单验证的事件。下面介绍 invalid 事件。

表单元素为通过验证时触发。无论是提交表单还是直接调用 checkValidity 方法，只要有表单元素没有通过验证，就会触发 invalid 事件。invalid 事件本身不处理任何事情，可以监听该事件，自定义事件处理。

一般情况下，在 invalid 事件处理完成后，还是会触发浏览器默认的错误提示。必要的时候，可以屏蔽浏览器后续的错误提示，可以使用事件的 preventDefault（）方法，阻止浏览器的默认行为，并自行处理错误提示信息。

通过使用 invalid 事件使得表单开发更加灵活。如果需要取消验证，可以使用前面讲过的 novalidate 属性。

5. JavaScript 脚本表单验证的方法

HTML5 为用户提供了两个用于表单验证的方法：

• checkValidity() 方法：显式验证方法。每个表单元素都可以调用 checkValidity() 方法（包括 form），它返回一个布尔值，表示是否通过验证。在默认情况下，表单的验证发生在表单提交时，如果使用 checkValidity() 方法，可以在需要的任何地方验证表单。一旦表单元素没有通过验证，则会触发 invalid 事件。

• setCustomValidity() 方法：自定义错误提示信息的方法。当默认的提示错误满足不了需求时，可以通过该方法自定义错误提示。当通过此方法自定义错误提示信息时，元素的 validationMessage 属性值会更改为定义的错误提示信息，同时 ValidityState 对象的 customError 属性值变成 true。下面通过示例了解其使用方法。

5.4.4　简单用户注册页面

根据本章讲述的 HTML5 表单技术，设计一个简单的用户注册界面示例，如代码 5-5 所示。

代码 5-5（a）　简单用户注册页面-结构

```
……
<body>
<form id = "register"  name = "register">
    <label for = "firstName"><span>姓名：</span>
        <input name = "firstName"  type = "text"  title = "姓名"  placeholder = "
请输入您的姓名"  required /><span class = "red"> * </span>
    </label>
    <label for = "age"><span>年龄：</span>
        <input id = "age"  name = "age"  type = "range"  min = "0"  max = "99"
step = "1"value = "20"  onchange = "displayAage. value = this. value"/>
        <output name = "displayAage">20</output><span class = "red"> * </span>
    </label>
```

```
<label for = "emailaddress"><span>邮箱:</span>
    <input type = "email"  name = "emailaddress"  title = "邮箱"  placeholder
= "请输入您的邮箱"required /><span class = "red"> * </span>
</label>
<label for = "weibo"><span>微博:</span>
    <input type = "url"  name = "weibo"  title = "微博"  placeholder = "请输入
您的微博地址"required /><span class = "red"> * </span>
</label>
<label for = "birthday"><span>生日:</span>
    <input name = "birthday"  type = "date"  title = "生日"  placeholder = "请
输入您的生日"/>
</label>
<label for = "score"><span>成绩:</span>
    <input name = "score"  type = "number"  title = "成绩"  placeholder = "请
输入您的成绩"  min = "0"  max = "100"  step = "1"/>
</label>
<label for = "country"><span>国家:</span>
    <input name = "country"  type = "text"  title = "国家"  list = "countries"/>
</label>
<datalist id = "countries">
    <option value = "China">中国</option>
    <option value = "Germany">德国</option>
    <option value = "United Kingdom">英国</option>
    <option value = "United States">美国</option>
</datalist>
<input type = "submit"  name = "submit"  value = "提交"  onclick = "clearError()"/>
<div id = "error"></div>
</form>
</body>
......
```

代码 5-5 (b)　简单用户注册页面-样式

```
<style type = "text/css">
form {
    margin:10px auto;
    width:400px;
    padding:40px;
    font-size:14px;
    font-family:Arial,Helvetica,sans-serif;
    border-radius:10px;
    background-color:#0CF;
```

```
        font-weight:bold;
        color:#FFF;
}
form label {
        display:block;
        padding:5px;
}
form label span {
        width:20%;
        display:inline-block;
        font-family:"宋体";
        font-size:16px;
        text-align:right;
}
form label input {
        line-height:22px;
        height:25px;
        border:1px solid #06F;
        width:70%;
}
form label input:focus {
        border:1px solid #FC0;
        outline:none;
}
form input[type=submit] {
        margin-left:40%;
        margin-top:20px;
        width:100px;
        border:1px solid #ccc;
        background-color:#CCC;
        font-size:18px;
        letter-spacing:5px;
        color:#333;
        font-weight:bold;
}
form #error{
        margin-top:20px;
        background-color:#fff;
        font-size:12px;
        color:#000;
```

```
            padding:5px;
            line-height:18px;
    }
.red{
        color:red;
        width:1%;
        margin-left:2px;
        }
</style>
```

代码 5-5 （c）　简单用户注册页面-验证

```
<script type="text/javascript">
function addError(err){
        document.getElementById("error").innerHTML += "*" + err + "<br />";
}
function clearError(){
        document.getElementById("error").innerHTML = "";
}
function invalidHandler(evt){
        //获取出错元素的 ValidityState 对象
        var validity = evt.srcElement.validity;
        var str = "";
        //如果有自定义的提示信息,则使用它来提示
        if(validity.customError){
                str = evt.srcElement.validationMessage;
        }else{
                //以下是检测的 ValidityState 对象的各个属性,以判断具体错误
                if(validity.valueMissing){
                        str += "不能为空;";
                }
                if(validity.typeMismatch){
                        str += "与类型不匹配;";
                }
                if(validity.patternMismatch){
                        str += "与 pattern 正则不匹配;";
                }
                if(validity.tooLong){
                        str += "字符过长;";
                }
                if(validity.rangeUnderflow){
                        str += "不能小于最小值;";
```

```
            }
            if(validity.rangeOverflow){
                    str + = "不能大于最大值;";
            }
            if(validity.stepMismatch){
                    str + = "不符合 step 属性所推算出的规则;";
            }
            //使用表单元素的 title 属性值来组合提示信息
            str = evt.srcElement.title + str;
        }
        //添加错误提示
        addError(str);
        //阻止事件冒泡
        evt.stopPropagation();
        //取消后续的浏览器默认的处理方式
        evt.preventDefault();
    }
    window.onload = function(){
        var register = document.getElementById("register");
        //注册监听表单中的 invalid 事件,捕获到错误即处理
        register.addEventListener("invalid",invalidHandler,true);
        //为年龄项添加自定义错误提示信息
        document.getElementById("age").setCustomValidity("年龄不能通过验证!");
    }
</script>
```

图 5-4　简单用户注册页面显示效果

在页面加载完成后将执行上面的 JavaScript 脚本，主要控制两件事：一是注册表单的 invalid 事件，当表单验证时，如捕获到错误会立即触发；二是为年龄项自定义提示信息。

函数 addError() 和 clearError() 是处理提示信息的，分别表示添加提示和清除提示。

函数 invalidHandler() 是处理 invalid 事件的，当表单验证错误时，会触发 invalid 事件，并执行函数 invalidHandler()，该函数为了获得更加准确的错误信息，对 ValidityState 对象的各个属性分别进行了判断，并屏蔽了系统的验证提示。

至此，简单的用户注册界面已经完成。如若单击"提交"按钮，表单会自动验证，如出错，会优先使用 invalid 事件的 invalidHandler() 函数来做后续错误处理。

5.5　HTML5 Canvas 画布

HTML5 的 Canvas 元素使用 JavaScript 在网页上绘制图像，它是基于 HTML5 原生的绘画功能。Canvas 拥有多种绘制路径、矩形、圆形、字符以及添加图像的方法，也可以使用 JavaScript 脚本实现动画。

5.5.1　Canvas 基础知识

在网页上使用 Canvas 元素，利用 JavaScript 脚本调用绘图 API（即接口函数），绘制各种图形，还可以实现动画。

1. 构建 Canvas 元素

向 HTML5 页面添加 Canvas 元素。规定元素的 id、宽度和高度：

＜canvas id＝"myCanvas"　width＝"200"　height＝"200"＞你的浏览器不支持该功能！＜/canvas＞

很多旧浏览器不支持 Canvas 元素，为了用户体验效果，可以提供替代文字在标签中。其中，id 属性决定了 Canvas 标签的唯一性，方便查找。

代码 5-6　在页面中创建 Canvas 元素

```
＜!DOCTYPEHTML＞
＜html＞
＜head＞
＜meta charset＝"utf－8"＞
＜title＞代码 5-6 在页面中创建 Canvas 元素＜/title＞
＜style type＝"text/css"＞
canvas{
border:1px solid ♯ccc;/＊设置 canvas 标签的边框样式＊/
}
＜/style＞
＜/head＞
＜body＞
＜canvas id＝"myCanvas"　width＝"200"　height＝"200"＞你的浏览器不支持该功能！＜/canvas＞
＜/body＞
＜/html＞
```

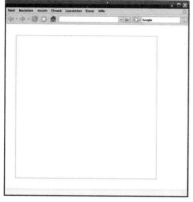
(a) Canvas元素在浏览器中的显示效果

(b) 不支持Canvas元素在浏览器中的显示效果

图 5-5 在页面中创建 Canvas 元素显示效果

也可以使用 CSS 样式控制 Canvas 的宽和高，但 Canvas 内部的像素点还是根据 Canvas 自身的 width 和 height 属性确定。用 CSS 设置 Canvas 尺寸，只能体现 Canvas 占用的页面空间，但是 Canvas 内部的绘图像素还是由 width 和 height 属性来决定的。

2. 使用 JavaScript 实现绘图

Canvas 本身没有绘图功能，必须在 JavaScript 内部完成。Canvas 元素提供了一套绘图 API，在开始绘图之前，需要先获取 Canvas 元素的对象，在获取一个绘图上下文，然后再使用绘图 API 丰富功能。

• 获取 Canvas 对象：在绘制之前从页面中获取 Canvas 对象。通常使用 document 对象的 getElementById（）方法获取。如下代码片段：

var canvas = document. getElementById("canvas");

• 创建二维绘画上下文对象：Canvas 对象包含了不同的绘图 API，还需要使用 getContext() 方法来获取接下来要使用的绘图上下文对象。如下代码片段：

var context = canvas. getContext("2d");

• getContext 对象是内建的 HTML5 对象，拥有多种绘制路径、矩形、圆形、字符及添加图像的方法。参数为 "2d"，说明绘制的是一个二维图形。

• 在 Canvas 上绘制文字：设置绘制文字的字体样式、颜色和对齐方式，然后将文字 "Canvas" 绘制在中央位置。

//设置字体样式、颜色及对齐方式

context. font = "98px 黑体";

context. fillStyle = "＃036";

context. textAlign = "center";

//执行绘制

context. fillText("Canvas",100,120,200);

• font 属性设置字体样式；fillStyle 属性设置字体颜色；textAlign 属性设置对齐方式；fillText（）方法以填充的方式在 Canvas 上绘制文字。

代码 5-7 使用 JavaScript 实现绘图

```
<!DOCTYPE HTML>
<html>
```

```
<head>
<meta charset = "utf-8">
<title>图 8-3 在 Canvas 中绘制的文字"囧"</title>
<style type = "text/css">
canvas{
     border:1px solid #ccc;
}
</style>
<script type = "text/javascript">
function DrawText(){
     var canvas = document.getElementById("myCanvas");
     var context = canvas.getContext("2d");
     //设置字体样式、颜色及对齐方式
     context.font = "98px 黑体";
     context.fillStyle = "#036";
     context.textAlign = "center";
     //执行绘制
     context.fillText("Canvas",100,120,200);
}
window.addEventListener("load",DrawText,true);
</script>
</head>
<body style = "text-align:center">
<canvas id = "myCanvas"  width = "200"  height = "200">你的浏览器不支持该功能!
</canvas>
</body>
</html>
```

图 5-6　使用 JavaScript 实现绘图显示效果

5.5.2　使用 Canvas 绘图

本小节将逐个介绍 Canvas 各种绘图功能。

1. 绘制矩形

绘图 API 为绘制矩形提供了两个专用方法：fillRect（x，y，width，height），用来填充区域；strokeRect（x，y，width，height），用来绘制边框。x：矩形起点横坐标（坐标原点为 canvas 的左上角），y：矩形起点纵坐标，width：矩形长度 height：矩形高度。

矩形可以设置的属性有：边框颜色、边框宽带、填充颜色等。常用属性如表 5-11 所示。

表 5-11　常用属性

属性	取值	说明
strokeStyle	符合 CSS 规范的颜色值及对象	设置线条颜色
lineWidth	数字	设置线条宽度，默认宽度为 1，单位像素
fillStyle	符合 CSS 规范的颜色值	设置区域或文字的填充颜色

代码 5-8　绘制矩形

```html
<!DOCTYPE HTML>
<html>
<head>
<meta charset = "utf-8">
<title>代码 5-8 绘制矩形</title>
<style type = "text/css">
canvas {
    border:1px solid #000;
}
</style>
<script type = "text/javascript">
function DrawRect(){
    var canvas = document. getElementById("canvas");
    var context = canvas. getContext("2d");
    //绘制矩形边框
    context. strokeStyle = "#000";        //设置边框颜色
    context. lineWidth = 1;               //指定边框宽度
    context. strokeRect(50,50,150,100); //绘制矩形边框
    //填充矩形形状
    context. fillStyle = "#f90";          //设置填充颜色
    context. fillRect(50,50,150,100);   //填充矩形区域
}
window. addEventListener("load",DrawRect,true);
</script>
```

```
</head>
<body style = "overflow:hidden">
<canvas id = "canvas"  width = "400"  height = "300">你的浏览器不支持该功能！
</canvas>
</body>
</html>
```

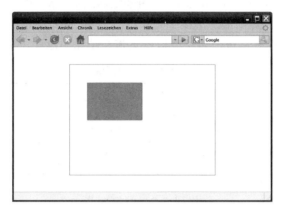

图 5-7　绘制矩形显示效果

2. 使用路径

路径就是构建的图像轮廓。在 Canvas 中，它是图形的基础，通常会调用 lineTo（）、rect（）、arc（）等方法来设置路径，最后使用 fill（）或 strok（）方法进行绘制边框或填充区域。使用路径绘图基本上分三步：创建绘图路径；设置绘图样式；绘制图形。常用的路径方法，如表 5-12 所示。

表 5-12　常用的路径方法

方法	参数	说明
moveTo（x，y）	x，y 确定了起始坐标	绘图开始的坐标
lineTo（x，y）	x，y 确定了直线路径的目标坐标	绘制直线到目标坐标
arc（x，y，radius，startAngle，endAngle，counterclockwise）	x，y 描述弧的圆形的圆心的坐标；radius 描述弧的圆形半径；startAngle 圆弧的开始点的角度；endAngle 圆弧的结束点的角度；counterclockwise 逆时针方向 true，顺时针方向 false	使用一个中心点和半径，为一个画布的当前路径添加一条弧线。圆形为弧形特例
rect（x，y，width，height）	x，y 描述矩形起点坐标；width，height 描述矩形宽和高	矩形路径方法

代码 5-9　使用路径绘图

```
<!DOCTYPE HTML>
<html>
<head>
<meta charset = "utf - 8">
```

```
<title>代码 5-9 使用路径绘图</title>
<style type = "text/css">
canvas {
    border:1px solid #000;
}
</style>
<script type = "text/javascript">
function Draw(){
    var canvas = document. getElementById("canvas");
    var context = canvas. getContext("2d");
    //创建绘图路径
    context. beginPath();                        //创建一个新的路径
    context. arc(150,100,50,0,Math. PI * 2,true);  //圆形路径
    context. rect(50,50,100,100);                //矩形路径
    context. closePath();                        //关闭当前路径
    //设置样式
    context. strokeStyle = "#000";               //设置边框颜色
    context. lineWidth = 3;                       //设置边框宽度
    context. fillStyle = "#f90";                  //设置填充颜色
    //填充矩形形状
    context. stroke();                           //绘制边框
    context. fill();                             //填充区域
}
window. addEventListener("load",Draw,true);
</script>
</head>
<body style = "overflow:hidden">
<canvas id="canvas"  width = "400"  height = "300">你的浏览器不支持该功能！</canvas>
</body>
</html>
```

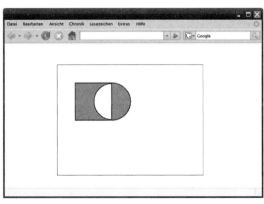

图 5-8　使用路径绘图显示效果

3. 图形组合

通常，把一个图形绘制在另一个图形上称之为图形组合。默认情况是上面的图形覆盖下面的图形。在 Canvas 中，可通过属性 globalCompositeOperation 来设置如何在画布上组合颜色，共有 12 个组合类型，语法如下：

globalCompositeOperation =［value］；

参数 value 的合法值有 12 个，决定了 12 种图形组合类型，默认值是 "source cver"，如表 5-13 所示。

表 5-13　组合类型值的说明

值	说明
copy	只绘制新图形，删除其他所有内容
darker	在图形重叠的地方，颜色由两个颜色值相减后决定
destination-atop	已有的内容只在它和新的图形重叠的地方保留。新图形绘制于内容之后
destination-in	在新图形以及已有画布重叠地方，已有内容都保留。所有其他内容成为透明的
destination-out	在已有内容和新图形不重叠的地方，已有内容保留。所有其他内容成为透明的
destination-over	新图形绘制于已有内容的后面
lighter	在图形重叠的地方，颜色由两种颜色值的加值来决定
source-atop	只有在新图形和已有内容重叠的地方，才绘制新图形
source-in	只有在新图形和已有内容重叠的地方，新图形才绘制。所有其他内容成为透明的
source-out	只有在和已有图形不重叠的地方，才绘制新图形
source-over	新图形绘制于已有图形的顶部。这是默认的行为
xor	在重叠和正常绘制的其他地方，图形都成为透明的

代码 5-10　图形组合

```
＜!DOCTYPE HTML＞
＜html＞
＜head＞
＜meta charset = "utf - 8"＞
＜title＞代码 5-10 图形组合＜/title＞
＜style type = "text/css"＞
canvas｛
    border:1px solid ＃000;
｝
＜/style＞
＜script type = "text/javascript"＞
function Draw(){
```

```
        var canvas = document. getElementById("canvas");
        var context = canvas. getContext("2d");
        //source-over
        context. globalCompositeOperation = "source-over";
        RectArc(context);
        //lighter
        context. globalCompositeOperation = "lighter";
        context. translate(90,0);
        RectArc(context);
        //xor
        context. globalCompositeOperation = "xor";
        context. translate( - 90,90);
        RectArc(context);
        //destination-over
        context. globalCompositeOperation = "destination-over";
        context. translate(90,0);
        RectArc(context);
    }
    //绘制组合图形
    function RectArc(context){
        context. beginPath();
        context. rect(10,10,50,50);
        context. fillStyle = " #F90";
        context. fill();
        context. beginPath();
        context. arc(60,60,30,0,Math. PI * 2,true);
        context. fillStyle = " #0f0";
        context. fill();
    }
    window. addEventListener("load",Draw,true);
    </script>
    </head>
    <body>
    <canvas id = "canvas"  width = "400"  height = "300">你的浏览器不支持该功能!
</canvas>
    </body>
    </html>
```

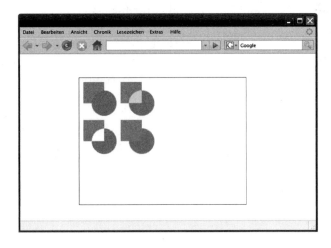

图 5-9　图形组合显示效果

代码 5-10 中列出了 12 种图形组合的其中 4 种组合，可以参照表 5-12 中的描述理解含义。这 4 种组合形式在各个浏览器中的效果基本一致，其他图形组合方式均有不同程度的偏差，兼容性仍不完善。

4. 绘制曲线

在设置路径的时候需要使用一些曲线方法勾勒曲线路径，以完成曲线的绘制。在 Canvas 中，绘图 API 提供了多种曲线绘制方法。

(1) arc() 方法：使用中心点和半径绘制弧线。语法如下：

arc(x,y,radius,startAngle,endAngle,counterclockwise);

参数说明：x 和 y 描述弧的圆形的圆心坐标。radius 描述弧的圆形的半径。startAngle 是圆弧的开始点的角度。endAngle 是圆弧的结束点的角度。counterclockwise 逆时针方向为 true，顺时针方向为 false。

代码 5-11　使用 arc( ) 方法绘制弧线

```
<!DOCTYPE HTML>
<html>
<head>
<meta charset = "utf-8">
<title>代码 5-11 使用 arc()方法绘制弧线</title>
<style type = "text/css">
canvas {
        border:1px solid #000;
}
</style>
<script type = "text/javascript">
function Draw(){
        var canvas = document. getElementById("canvas");
        var context = canvas. getContext("2d");
```

```
        //先绘制一个灰色的圆形
        context.beginPath();
        context.arc(120,120,80,0,Math.PI * 2,true);
                            //绘制一个圆心为(150,100),半径我 50 的圆形
        context.fillStyle = "rgba(0,0,0,0.1)";
                            //设置填充为黑色,透明度为 0.1
        context.fill();              //填充 arc()方法确定的区域
        //再绘制一条圆弧,宽 5 像素,线条颜色为橘黄色
        context.beginPath();
        context.arc(120,120,80,0,( - Math.PI * 2/3),true);
                            //绘制一个圆心为(150,100),半径我 50 的圆形
        context.strokeStyle = "rgba(255,135,0,1)";
                            //设置边框颜色为橘黄色
        context.lineWidth = 5;       //设置边框宽度为 5 像素
        context.stroke();            //绘制 src()方法确定的区域边框
    }
    window.addEventListener("load",Draw,true);
    </script>
    </head>
    <body style = "overflow:hidden">
    <canvas id = "canvas"  width = "400"  height = "400">你的浏览器不支持该功能!
</canvas>
    </body>
    </html>
```

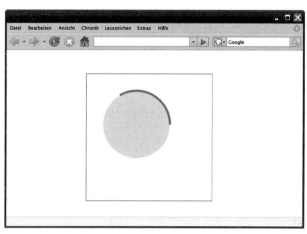

图 5-10　使用 arc() 方法绘制弧线显示效果

（2）arcTo() 方法：使用辅助线绘制弧线。语法如下：

arcTo(x1,y1,x2,y2,radius);

参数说明：x1，y1 描述了一个坐标点，用 P1 表示。x2，y2 描述了另一个坐标点，用

P2 表示。radius 描述弧的圆形半径。绘制的起点通常使用 moveTo() 方法来指定。

代码 5-12　arcTo() 方法绘制弧线

```
<!DOCTYPE HTML>
<html>
<head>
<meta charset = "utf-8">
<title>代码 5-12 arcTo()方法绘制弧线</title>
<style type = "text/css">
canvas {
        border:1px solid #000;
}
</style>
<script type = "text/javascript">
function Draw(){
        var canvas = document. getElementById("canvas");
        var context = canvas. getContext("2d");
        //先绘制灰色的辅助线段,宽 2 像素
        context. beginPath();                 //添加第一个子路径
        context. moveTo(80,120);              //确定当前位置,即绘图起始位置
        context. lineTo(150,60);              //到 P1 点的直线
        context. lineTo(180,130);             //到 P2 点的直线
        context. strokeStyle = "rgba(0,0,0,0.4)";//线框颜色为黑色,透明度为 0.4
        context. lineWidth = 2;               //线框宽度为 2 像素
        context. stroke();
        //再绘制一条圆弧,宽 2 像素,线条颜色为橘黄色
        context. beginPath();                 //添加第二个子路径
        context. moveTo(80,120);              //确定当前位置,与第一个子路径一致
        context. arcTo(150,60,180,130,50);    //arcTo()方法确定弧线轮廓
        context. strokeStyle = "rgba(255,135,0,1)"; //线框颜色为橘黄色
        context. stroke();
        context. lineTo(150,160);
        context. stroke();
}
window. addEventListener("load",Draw,true);
</script>
</head>
<body style = "overflow:hidden">
<canvas id = "canvas"  width = "400"  height = "400">你的浏览器不支持该功能!
</canvas>
```

```
</body>
</html>
```

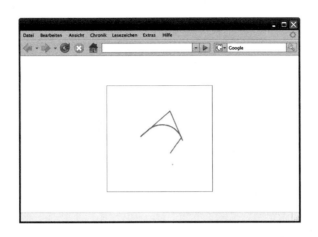

图 5-11　arcTo（）方法绘制弧线显示效果

　　添加给路径的圆弧具有指定 radius 的圆的一部分。圆弧有一个点与起点到 P1 的线段相切，还有一个点和从 P1 到 P2 的线段相切。这两个切点就是圆弧的起点和终点，圆弧绘制的方向就是连接这两个点的最短圆弧方向。参看图 5-11 显示的效果。

　　（3）quadraticCurveTo（）方法：绘制二次样条曲线。它是曲线的一种，Canvas 绘图 API 专门提供了此曲线的绘制方法。语法如下：

quadraticCurveTo(cpX,cpY,x,y);

　　参数说明：cpX，cpY 描述了控制点的坐标；x 和 y 描述了曲线的终点坐标。

代码 5-13　绘制二次样条曲线

```
<!DOCTYPE HTML>
<html>
<head>
<meta charset = "utf-8">
<title>代码 5-13 绘制二次样条曲线</title>
<style type = "text/css">
canvas {
    border:1px solid #000;
}
</style>
<script type = "text/javascript">
function Draw(){
    var canvas = document. getElementById("canvas");
    var context = canvas. getContext("2d");
    //先绘制灰色的辅助线段,宽 2 像素
    context. beginPath();                        //添加第一个子路径
    context. moveTo(100,180);                    //确定当前位置,即绘图起始的位置
    context. lineTo(200,50);                     //直线连接控制点
```

```
        context.lineTo(300,200);                //直线连接终点
        context.strokeStyle = "rgba(0,0,0,0.4)";    //线框颜色为黑色,透明度为 0.4
        context.lineWidth = 3;
        context.stroke();
        //再绘制一曲线,宽 3 像素,线条颜色为橘黄色
        context.beginPath();                     //添加第二个子路径
        context.moveTo(100,180);                 //确定当前位置,与第一个子路径一致
        context.quadraticCurveTo(200,50,300,200); //确定曲线轮廓
        context.lineWidth = 3;
        context.strokeStyle = "rgba(255,135,0,1)"; //线框颜色为橘黄色
        context.stroke();
}
window.addEventListener("load",Draw,true);
</script>
</head>
<body style = "overflow:hidden">
<canvas id = "canvas"width = "400"height = "400">你的浏览器不支持该功能！</canvas>
</body>
</html>
```

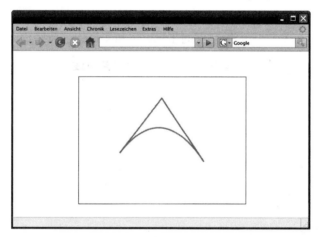

图 5-12　绘制二次样条曲线显示效果显示效果

　　在绘制曲线的时候，先通过 moveTo() 方法确定绘制的起点，再链接到控制点，控制点再链接到终点。绘制的曲线部分链接了起点和终点，曲线的弯曲形状，由控制点控制。

　　(4) bezieCurveTo() 方法：绘制贝塞尔曲线。贝塞尔曲线，又称贝兹曲线或贝济埃曲线，是用二维图形应用程序的数学曲线。Canvas 绘图 API 提供了绘制方法，与二次样条曲线相比，贝塞尔曲线使用了两个控制点，曲线的弧度由两个控制点控制。语法如下：

　　bezieCurveTo(cp1X,cp1Y,cp2X,cp2Y,x,y);

　　参数说明：cp1X、cp1Y 描述了第一个控制点坐标；cp2X、cp2Y 描述了第二个控制点坐标；x、y 描述了曲线的终点坐标。

代码 5-14　绘制贝塞尔曲线

```html
<!DOCTYPE HTML>
<html>
<head>
<meta charset = "utf-8">
<title>代码 5-14 绘制贝塞尔曲线</title>
<style type = "text/css">
canvas {
        border:1px solid #000;
}
</style>
<script type = "text/javascript">
function Draw(){
        var canvas = document.getElementById("canvas");
        var context = canvas.getContext("2d");
        //先绘制灰色的辅助线段,宽 2 像素
        context.beginPath();                    //添加第一个子路径
        context.moveTo(100,180);                //确定当前位置,即绘图起始的位置
        context.lineTo(110,80);                 //直线连接控制点
        context.moveTo(260,100);                //移动当前位置
        context.lineTo(300,200);                //直线连接终点
        context.strokeStyle = "rgba(0,0,0,0.4)";    //线框颜色为黑色,透明度为 0.4
        context.lineWidth = 3;
        context.stroke();
        //再绘制一曲线,宽 3 像素,线条颜色为橘黄色
        context.beginPath();                    //添加第二个子路径
        context.moveTo(100,180);                //确定当前位置,与第一个子路径一致
        context.bezierCurveTo(110,80,260,100,300,200);//确定曲线轮廓
        context.lineWidth = 3;
        context.strokeStyle = "rgba(255,135,0,1)"; //线框颜色为橘黄色
        context.stroke();
}
window.addEventListener("load",Draw,true);
</script>
</head>
<body style = "overflow:hidden">
<canvas id = "canvas"  width = "400"  height = "400">你的浏览器不支持该功能!</canvas>
</body>
</html>
```

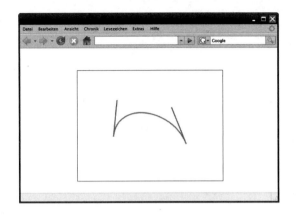

图 5-13　绘制贝塞尔曲线显示效果

5. 使用图像

在 Canvas 中，绘制 API 提供了插入图像的方法，drawImage() 方法可以将图像添加到 Canvas 画布中，绘制图像时，该方法重载了三次。

（1）把整个图像复制到画布，将其放置到指定点的左上角，并将每个图像像素映射成画布坐标系统的一个单元。语法如下：

drawImage(image,x,y);

参数说明：image 表示所要绘制的图像对象，x、y 表示要绘制的图像的左上角的位置。

把整个图像复制到画布，但允许用画布单位来指定想要的图像的宽和高。语法如下：

drawImage(image,x,y,width,height);

（3）参数说明：width、height 表示图像应绘制的尺寸，指定这两个参数可缩放图像。

通用方法，允许指定的图像在任何矩形区域并复制它，对画布中任何位置都可进行任意缩放。语法如下：

drawImage(image,source,source,sourceWidth,sourceHeight,destX,destY,destWidth,destHeight);

参数说明：sourceX、sourceY 表示图像将要被绘制的区域的左上角，单位是像素。sourceWidth、sourceHeight 表示图像所要绘制区域的尺寸，单位是像素。destX、dextY 表示所要绘制的图像区域的左上角画布坐标。destWidth、destHeight 图像区域所要绘制的画布尺寸。

以上三个方法中的参数 image，都表示所要绘制的图像对象，必须是 image 对象或 Canvas 元素。一个 image 对象表示文档中的一个＜img＞标签或用 Image（）构造函数所创建的一个屏幕外图像。

代码 5-15　通用方法插入图像

```
＜!DOCTYPE HTML＞
＜html＞
＜head＞
＜meta charset = "utf－8"＞
＜title＞代码 5-15 通用方法插入图像＜/title＞
＜style type = "text/css"＞
```

```
canvas{
        border:1px solid #000;
}
</style>
<script type = "text/javascript">
function Draw(){
        var canvas = document.getElementById("canvas");//获取 canvas 对象
        var context = canvas.getContext("2d");            //获取 2d 上下文绘图对象
        var newImg = new Image();                  //使用 Image()构造函数创建图像对象
        newImg.src = "pic.jpg";                       //指定图像的文件地址
        newImg.onload = function(){
            context.drawImage(newImg,0,0);            //从左上角开始绘制图像
            context.drawImage(newImg,250,100,150,200);
            //从指定坐标开始绘制图像,并设置图像宽和高
            context.drawImage(newImg,90,80,100,100,0,0,120,120);
            //裁剪一部分图像放在左上角,并稍微放大
        }
}
window.addEventListener("load",Draw,true);
</script>
</head>
<body style = "overflow:hidden">
<canvas id = "canvas"  width = "400"  height = "300">你的浏览器不支持该功能!
</canvas>
</body>
</html>
```

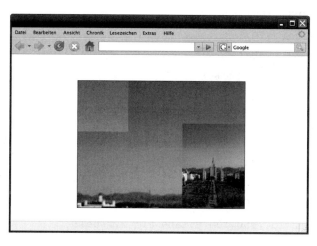

图 5-14　通用方法插入图像显示效果

6. 剪裁区域

剪裁图像区域是通过路径来确定的。和绘制线条的方法和填充区域方法一样，也需要先绘制路径，在执行剪裁路径方法 clip()，以确定剪裁区域。应用可参考如下代码：

代码 5-16　剪裁区域

```
<!DOCTYPE HTML>
<html>
<head>
<meta charset = "utf - 8">
<title>代码 5-16 剪裁区域</title>
<style type = "text/css">
canvas{
        border:1px solid #000;
}
</style>
<script type = "text/javascript">
function Draw(){
        var canvas = document. getElementById("canvas");
        var context = canvas. getContext("2d");
        var newImg = new Image();
        newImg. src = "pic. jpg";
        newImg. onload = function(){

                //设置一个圆形的剪裁区域
                ArcClip(context);
                //从左上角开始绘制图像
                context. drawImage(newImg,0,0);
                //设置全局半透明
                context. globalAlpha = 0. 6;
                //使用路径绘制的矩形
                FillRect(context);
        }
}
//设置一个圆形的剪裁区域
function ArcClip(context){
        context. beginPath();
        context. arc(150,150,100,0,Math. PI * 2,true);
        context. clip();
}
//使用路径绘制的矩形
```

```
function FillRect(context){
        context.beginPath();
        context.rect(150,150,90,90);
        context.fillStyle = "#f90";
        context.fill();
}
window.addEventListener("load",Draw,true);
</script>
</head>
<body style = "overflow:hidden">
<canvas id = "canvas"  width = "400"  height = "300">你的浏览器不支持该功能！</canvas>
</body>
</html>
```

图 5-15　剪裁区域显示效果

代码 5-16 剪裁区域绘制代码中，首先使用的方法 ArcClip(context) 设置一个圆形剪裁区域。先设置一个圆形的绘图路径，在调用 clip() 方法，完成剪裁区域。接着绘制图像，最后使用路径的方法绘制矩形，并填充半透明的颜色，也是在剪裁区域绘制。这说明再剪裁之后的任何绘制，都显示在剪裁区域内部。也可以取消剪裁区域，需要先调用 save() 方法保存上下文状态，在绘制完剪裁图像后，再调用 restore() 方法恢复之前保存的上下文状态，这样就去除剪裁区域了，在接下来的绘图中，就不会被剪裁区域局限了。取消剪裁区域，可参看如下代码片段：

```
…
<script type = "text/javascript">
function Draw(){
        var canvas = document.getElementById("canvas");
        var context = canvas.getContext("2d");
        var newImg = new Image();
        newImg.src = "../images/Chaplin.jpg";
        newImg.onload = function(){
```

```
        //保存当前状态
        context.save();
        //设置一个圆形的剪裁区域
        ArcClip(context);
        //从左上角开始绘制图像
        context.drawImage(newImg,0,0);
        //恢复被保存的状态
        context.restore();
        //设置全局半透明
        context.globalAlpha = 0.6;
        //使用路径绘制的矩形
        FillRect(context);
    }
}
//设置一个圆形的剪裁区域
function ArcClip(context){
    context.beginPath();
    context.arc(150,150,100,0,Math.PI * 2,true);
    context.clip();
}
//使用路径绘制的矩形
function FillRect(context){
    context.beginPath();
    context.rect(150,150,90,90);
    context.fillStyle = "#f90";
    context.fill();
}
window.addEventListener("load",Draw,true);
</script>
...
```

7. 绘制渐变

绘图 API 提供了两种渐变创建方法：createLinearGradient（）方法创建线性渐变和 createRadialGradient（）方法创建径向渐变。

（1）创建线性渐变对象，语法如下：

```
createLinearGradient(xStart,yStart,xEnd,yEnd);
```

参数说明：xStart、yStart 表示渐变的起始点坐标；xEnd、yEnd 表示渐变的结束点坐标。

（2）创建径向渐变对象，语法如下：

```
createRadialGradient(xStart,yStart,radiusStart,xEnd,yEnd,radiusEnd);
```

参数说明：xStart、yStart 表示开始圆的圆心坐标。radiusStart 表示开始圆的半径。

xEnd、yEnd 表示结束圆的圆心坐标。radiusEnd 表示结束圆的半径。

（3）设置渐变颜色，需要在渐变对象上使用 addColorStop（）方法，在渐变中的某一点添加一个颜色变化。语法如下：

addColorStop(offset,color);

参数说明：offset 是一个范围在 0.0 到 1.0 之间的浮点值，表示渐变的开始点和结束点之间的一部分，offset 为 0 对应开始点，offset 为 1 对应结束点。color 是一个颜色值，表示在指定 offset 显示的颜色。

将渐变对象赋值给填充样式和描边样式。描边样式 strokeStyle 和填充样式 fillStyle，当样式被赋值为渐变对象时，绘制出来的描边和填充都会有渐变效果。

代码 5-17　绘制线性渐变

```
<!DOCTYPE HTML>
<html>
<head>
<meta charset = "utf-8">
<title>代码 5-17 绘制线性渐变</title>
<style type = "text/css">
canvas{
    border:1px solid #000;
}
</style>
<script type = "text/javascript">
function Draw(){
    var canvas = document. getElementById("canvas");
    var context = canvas. getContext("2d");
    //创建渐变对象:线性渐变
    var grd = context. createLinearGradient(0,0,300,0);
    //设置渐变颜色及方式
    grd. addColorStop(0,"#f90");
    grd. addColorStop(1,"#0f0");
    //将填充样式设置为渐变对象
    context. fillStyle = grd;
    context. fillRect(0,0,300,80);
}
window. addEventListener("load",Draw,true);
</script>
</head>
<body style = "overflow:hidden">
<canvas id = "canvas"  width = "400"  height = "300">你的浏览器不支持该功能!</canvas>
</body>
</html>
```

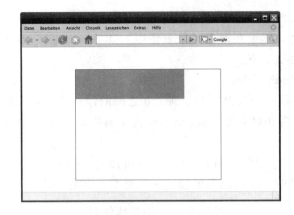

图 5-16　绘制线性渐变显示效果

代码 5-18　绘制径向渐变

```
<!DOCTYPE HTML>
<html>
<head>
<meta charset = "utf-8">
<title>代码 5-18 绘制径向渐变</title>
<style type = "text/css">
canvas{
    border:1px solid #000;
}
</style>
<script type = "text/javascript">
function Draw(){
    var canvas = document.getElementById("canvas");
    var context = canvas.getContext("2d");
    //创建渐变对象:径向渐变
    var grd = context.createRadialGradient(50,50,0,100,100,90);
    //设置渐变颜色及方式
    grd.addColorStop(0,"#0f0");
    grd.addColorStop(0.5,"#0ff");
    grd.addColorStop(1,"#f90");
    //将填充样式设置为渐变对象
    context.fillStyle = grd;
    context.beginPath();
    context.arc(100,100,90,0,Math.PI * 2,true);
    context.fill();
}
window.addEventListener("load",Draw,true);
</script>
```

```
</head>
<body style = "overflow:hidden">
<canvas id = "canvas" width = "400" height = "300">你的浏览器不支持该功能！
</canvas>
</body>
</html>
```

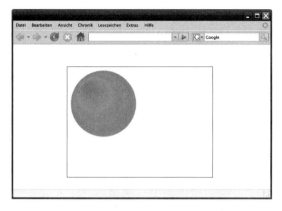

图 5-17　绘制径向渐变显示效果

8. 描边属性

在之前的章节中已经使用过边框样式，本点主要介绍边框的各种属性，如表 5-14 所示。

表 5-14　描边属性

属性	语法	参数说明
lineWidth	lineWidth＝［value］;	线条宽度属性：参数 value 为数字，单位为像素，默认为 1
strokeStyle	strokeStyle＝［value］;	线条样式属性：参数 value 可以设置为字符串表示颜色、渐变对象和模式对象
lineCap	lineCap＝［value］;	线帽属性，描述了指定线条末端如何绘制：参数 value 的合法值是 butt、round 和 square。默认值是 butt。只有当线条具有一定宽度时才能表现出各属性值的差异 butt：定义了线段没有线帽。线条的末点是平直的且和线条的方向正交，这条线段在其端点之外没有扩展 round：定义了线段的末端为一个半圆形的线帽，半圆的直径等于线段的宽度，并且线段在端点之外扩展了线段宽度的一半 square：定义了线段的末端为一个矩形的线帽。这个值和 butt 有着同样的形状效果，但线段扩展了自己的宽度的一半
lineJoin	lineJoin＝［value］;	线条的连接属性，描述了两条线条的连接方式：参数 value 的合法值是 round、bevel 和 miter。默认值是 miter。当有一个路径包含了线段或曲线相交的交点时，lineJoin 属性可以表现这些交点的连接方式。只有当线条较宽时才能表现出不同属性值的差异 miter：定义了两条线段的外边缘一直延伸到它们相交。当两条线段以一个锐角相交时，连接的地方可能会延伸到很长 round：定义了两条线段的外边缘应该和一个填充的弧接合，这个弧的直径等于线段的宽度 bevel：定义了两条线段的外边缘应该和一个填充的三角形相交

续表

属性	语法	参数说明
miterLimit	miterLimli＝［value］;	扩展的线条连接属性。当线条的 lineJoin 属性为 miter 时，并且两条线段以锐角相交时，连接的地方可能会相当长。miterLimit 属性可以为该延伸长度设置上限。这个属性表示延伸的产耪和线条产耪的比值。默认是 10，表示延伸长度不超过线条宽度的 10 倍。当属性 lineJoin 的值为 round 或 bevel 时，属性 miterLimit 无效

9. 模式

模式是一个抽象概念，描述的是一种规律。在 Canvas 中，通常会为贴图图像创建一个模式，用于描边样式和填充样式，可绘制出带图案的边框和背景图。模式是一个对象，使用 createPattern() 方法可以为贴图图像对象创建一个模式，语法如下：

createPattern(image,repetitionStyle);

参数说明：image 描述了一个贴图图像，可以是一个图像对象，也可以是一个 Canvas 对象。repetitionStyle 描述了该贴图图像的循环平铺方式，有 4 个值：repeat 平铺、repeat-x 水平方向平铺、repeat-y 垂直方向平铺和 no-repeat 不平铺。

代码 5-19　用贴图模式填充矩形

```
<!DOCTYPE HTML>
<html>
<head>
<meta charset = "utf-8">
<title>代码 5-19 用贴图模式填充矩形</title>
<style type = "text/css">
canvas{
    border:1px solid #000;
}
</style>
<script type = "text/javascript">
function Draw(){
    var canvas = document.getElementById("canvas");
    var context = canvas.getContext("2d");
    var img = new Image();    //使用 Image()构造函数创建图像对象
    img.src = 'pic.gif';      //指定图像的文件地址
    img.onload = function(){
        var ptrn = context.createPattern(img,'repeat');
                                    //创建一个贴图模式,循环平铺图像
        context.fillStyle = ptrn;          //设置填充样式为贴图模式
        context.fillRect(0,0,400,300);     //填充矩形
    }
```

```
}
window.addEventListener("load",Draw,true);
</script>
</head>
<body style="overflow:hidden">
<canvas id="canvas"width="400"height="300">你的浏览器不支持该功能！</canvas>
</body>
</html>
```

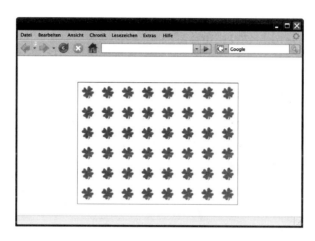

图 5-18　用贴图模式填充矩形显示效果

10. 变换

Canvas 绘图 API 提供了多种变换方法，常用的变换方法包括：平移、缩放、旋转和变形等。在默认情况下，Canvas 的坐标空间是以左上角（0，0）作为原点，x 值向右增加，y 值向下增加。单位为像素。

（1）移动变换：是将整个坐标系统设置一定的偏移数量，绘制出来的图像也会跟着偏移。为坐标系统添加水平和垂直偏移。语法如下：

translate(dx,dy);

参数说明：dx 为水平方向偏移量；dy 为垂直方向偏移量。添加偏移后，会将偏移量附加给后续所有坐标点。参考下面代码片段，理解图形偏移：

..
```
<script type="text/javascript">
function Draw(){
    var canvas = document.getElementById("canvas");
    var context = canvas.getContext("2d");
    //设置移动偏移量
    context.translate(200,120);
    //使用 ArcFac()函数绘制一个圆形脸谱
    ArcFace(context);
}
```

191

```
function ArcFace(context){
        //绘制一个圆形边框
        context.beginPath();
        context.arc(0,0,90,0,Math.PI * 2,true);
        context.lineWidth = 5;
        context.strokeStyle = "#f90";
        context.stroke();
        //绘制一个脸型
        context.beginPath();
        context.moveTo(-30,-30);
        context.lineTo(-30,-20);
        context.moveTo(30,-30);
        context.lineTo(30,-20);
        context.moveTo(-20,30);
        context.bezierCurveTo(-20,44,20,30,30,20);
        context.strokeStyle = "#000";
        context.lineWidth = 10;
        context.lineCap = "round";
        context.stroke();
}

window.addEventListener("load",Draw,true);
</script>
...
```

（2）缩放变换：是将整个坐标系统设置一对缩放因子，绘制出来的图像会相应的缩放。为坐标系统添加一个缩放变换，设置水平和垂直缩放系数。语法如下：

```
scale(sx,sy);
```

参数说明：sx 为水平方向缩放；sy 为垂直方向缩放。sx 和 sy 为大于 0 的数字，当值大于 1 时，为放大；当值小于 1 时，为缩小。可参考如下代码片段理解：

```
...
<script type = "text/javascript">
function Draw(){
        var canvas = document.getElementById("canvas");
        var context = canvas.getContext("2d");
        context.translate(200,120);
        //缩放图像,在水平方向和垂直方向设置不同的缩放系数
        context.scale(0.6,0.4);
        //绘制一个圆形脸谱
        ArcFace(context);
}
```

```
function ArcFace(context){
        //绘制一个圆形边框
        context.beginPath();
        context.arc(0,0,90,0,Math.PI * 2,true);
        context.lineWidth = 5;
        context.strokeStyle = "#f90";
        context.stroke();
        //绘制一个脸型
        context.beginPath();
        context.moveTo(-30,-30);
        context.lineTo(-30,-20);
        context.moveTo(30,-30);
        context.lineTo(30,-20);
        context.moveTo(-20,30);
        context.bezierCurveTo(-20,44,20,30,30,20);
        context.strokeStyle = "#000";
        context.lineWidth = 10;
        context.lineCap = "round";
        context.stroke();
}

window.addEventListener("load",Draw,true);
</script>
...
```

（3）旋转变换：是将整个坐标系统设置一个旋转的角度，旋转的量用弧度表示，角度转换为弧度需乘以 Math.PI 除以 180。语法如下：

```
rotate(angle);
```

参数说明：angle 旋转的量用弧度表示，正值为顺时针方向旋转，负值为逆时针方向旋转，旋转中心为坐标系统原点。参看如下代码片段：

```
...
<script type = "text/javascript">
function Draw(){
        var canvas = document.getElementById("canvas");
        var context = canvas.getContext("2d");
        context.translate(200,120);
        //旋转图像,顺时针旋转 Math.PI/6
        context.rotate(Math.PI/6);
        context.scale(0.6,0.4);
        //绘制一个圆形脸谱
        ArcFace(context);
```

```
        }
        function ArcFace(context){
                //绘制一个圆形边框
                context.beginPath();
                context.arc(0,0,90,0,Math.PI * 2,true);
                context.lineWidth = 5;
                context.strokeStyle = "#f90";
                context.stroke();
                //绘制一个脸型
                context.beginPath();
                context.moveTo( - 30, - 30);
                context.lineTo( - 30, - 20);
                context.moveTo(30, - 30);
                context.lineTo(30, - 20);
                context.moveTo( - 20,30);
                context.bezierCurveTo( - 20,44,20,30,30,20);
                context.strokeStyle = "#000";
                context.lineWidth = 10;
                context.lineCap = "round";
                context.stroke();
        }

        window.addEventListener("load",Draw,true);
        </script>
        …
```

11. 使用文本

在 Canvas 中，也可以绘制文本。绘制文本有两个方法，分别是 fillText() 填充绘制方法和 strokeText() 描边绘制方法。语法如下：

```
fillText(text,x,y,maxwidth);
strokeText(text,x,y,maxwidth);
```

参数说明：参数 text 表示要绘制的文本。参数 x、y 表示绘制文本的起点横坐标。参数 maxwidth 为可选参数，表示显示文本的最大宽度，可以防止文本溢出。

有时候需要知道绘制的文本宽度，绘图 API 提供的方法是 measureText()，用来获取文本宽度，语法如下：

```
measureText(text);
```

参数说明：参数 text 表示所要绘制的文本。该方法会返回一个 TextMetrics 对象，表示文本的空间度量。可以通过该对象的 width 属性获取文本的宽度。

绘制文本之前可以先设置文本样式，绘图 API 提供了专门用于设置文本样式的属性，如表 5-15 所示。

表 5-15　文本的相关属性

属性	值	说明
font	CSS 字体样式字符串	设置字体样式
textAlign	start | end | left | right | center	设置水平对齐样式，默认值为 start
textBaseline	top | hanging | middle | alphabetic | ideographic | bottom	设置垂直对齐方式，默认为 ideographic

代码 5-20　绘制文本

```
<!DOCTYPE HTML>
<html>
<head>
<meta charset = "utf - 8">
<title>代码 5-20 绘制文本</title>
<style type = "text/css">
canvas {
    border:1px solid #000;
}
</style>
<script type = "text/javascript">
function Draw(){
    var canvas = document.getElementById("canvas");
    var context = canvas.getContext("2d");
    var txt = "绘制文本";
    //填充方式绘制文本
    context.fillStyle = "#f90";
    context.font = "bold 30px 黑体";
    //根据已经设置的文本样式度量文本
    var tm = context.measureText(txt);
    context.fillText(txt,10,50);//填充方式绘制文本
    context.fillText(tm.width,tm.width + 15,50);
    //描边方式绘制文本
    context.strokeStyle = "#f90";
    context.font = "bold italic 36px 黑体";
    //根据已经设置的文本样式度量文本
    tm = context.measureText(txt);
    context.strokeText(txt,10,100);
    context.strokeText(tm.width,tm.width + 15,100);
}
window.addEventListener("load",Draw,true);
</script>
</head>
```

```
<body style = "overflow:hidden">
<canvas id = "canvas"  width = "400"  height = "300">你的浏览器不支持该功能！
</canvas>
</body>
</html>
```

图 5-19 绘制文本显示效果

12. 阴影效果

需要在绘制文字、图形、图像等对象前添加阴影属性，阴影属性有 4 个，如表 5-16 所示。

表 5-16 阴影属性

属性	值	说明
shadowColor	符合 CSS 规范的颜色值	可以使用半透明颜色
shadowOffsetX	数值	阴影的横向位移量，向右为正，向左为负
shadowOffsetY	数值	阴影的纵向位移量，向下为正，向上为负
shadowBlur	数值	高斯模糊，值越大，阴影边缘越模糊

代码 5-21 添加阴影属性

```
<!DOCTYPE HTML>
<html>
<head>
<meta charset = "utf-8">
<title>代码 5-21 添加阴影属性</title>
<style type = "text/css">
canvas {
    border:1px solid #000;
}
</style>
<script type = "text/javascript">
function Draw(){
```

```
        var canvas = document. getElementById("canvas");
        var context = canvas. getContext("2d");
        //设置阴影属性
        context. shadowColor = "#666";
        context. shadowOffsetX = 2;
        context. shadowOffsetY = 2;
        context. shadowBlur = 5.5;
        //绘制文本
        context. fillStyle = "#f90";
        context. font = "bold 36px 黑体";
        context. fillText("添加阴影属性",10,50);
        //路径绘制图形
        context. fillStyle = "#f90";
        context. arc(100,100,30,0,Math. PI * 2,false);
        context. fill();
    }
    window. addEventListener("load",Draw,true);
    </script>
    </head>
    <body style = "overflow:hidden">
    <canvas id = "canvas"  width = "400"  height = "300">你的浏览器不支持该功能!
</canvas>
    </body>
    </html>
```

图 5-20 添加阴影属性显示效果

13. 状态的保存与恢复

在剪裁区域一节介绍了通过保存和恢复绘图状态来实现剪裁区域方法。在绘图过程中可能会有某个状态需要使用多次，因此，绘图 API 提供了状态保存方法 save() 和状态恢复方法 restore()。状态的保存和恢复是通过数据栈进行的。当调用 save() 方法时，当前的数据状态保存到一个数据栈中；当调用 restore() 方法时，会取出最后一次保存在数据栈中的数据，即恢复最后一次保存状态。

!? 提示：栈是一种数据结构，是按后进先出的原则存储数据。就像打开一个箱子，先拿出最上面的东西，即最后放入的东西，遵循后进先出的原则。

代码 5-22　状态的保存和恢复

```html
<!DOCTYPE HTML>
<html>
<head>
<meta charset = "utf-8">
<title>代码 5-22 状态的保存和恢复</title>
<style type = "text/css">
canvas {
        border:1px solid #000;
}
</style>
<script type = "text/javascript">
function Draw(){
        var canvas = document.getElementById("canvas");
        var context = canvas.getContext("2d");
        //设置填充颜色为绿色
        context.fillStyle = "#0f0";
        //保存状态
        context.save();
        //设置新的填充颜色为橘黄色
        context.fillStyle = "#F90";
        //填充一个矩形区域
        context.beginPath();
        context.rect(10,10,90,90);
        context.fill();
        //恢复状态
        context.restore();
        //填充一个圆形区域
        context.beginPath();
        context.arc(100,100,50,0,Math.PI * 2,true);
        context.fill();
}
window.addEventListener("load",Draw,true);
</script>
</head>
```

```
<body>
<canvas id="canvas" width="400" height="300">你的浏览器不支持该功能！
</canvas>
</body>
</html>
```

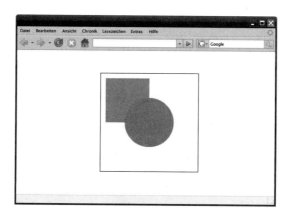

图 5-21　状态的保存与恢复显示效果

14. 操作像素

绘图 API 提供了像素的操作方法：createImageData()、getImageDate() 和 putImageData()。可以直接操纵底层的像素数据。这里还使用了一个图像数据对象 ImageData。

（1）imageData 对象：该对象有 3 个属性，width 表示每行有多少个像素；height 表示有多少行像素；data 是一个一维数组，保存了所有像素的颜色值，按从左到右、从上到下的顺序存储。颜色取值方面，每个像素的颜色值包含 4 个数，分别代表红、绿、蓝和透明度，各取值范围均为 0 至 255。

（2）getImageDate() 获取图像数据的方法。语法如下：

```
getImageDate(sx,sy,sw,sh);
```

参数说明：sx、sy 分别表示所获区域的起点横坐标和起点纵坐标；sw、sh 分别表示所获区域的宽和高。

（3）putImageData() 绘制图像数据方法。语法如下：

```
putImageData(imagedata,dx,dy,[dirtyX,dirty,dirtyWidth,dirtyHeight]);
```

参数说明：该方法有 3 个必选参数和 4 个可选参数。imagedata 为 ImageData 对象，包含了图像数据；dx、dy 分别表示绘制的起点横坐标和起点纵坐标；可选参数 dirtyX、dirtyY、dirtyWidth 和 dirtyHeight 确定了一个以 dx 和 dy 为坐标原点的矩形，分别表示矩形的起点横坐标、起点纵坐标、宽和高。如加上可选参数，则绘制的图像仅限制在该矩形范围内，类似一个剪裁区域。

（4）createImageData() 创建图像数据的方法。语法如下：

```
createImageData(sw,sh);
```

参数说明：sw 和 sh 分别表示图像数据的宽和高。

代码 5-23　图片翻转效果

```
<!DOCTYPE html>
<html>
```

```
<head>
<meta charset = "utf - 8">
<title>代码 5-23 图片翻转效果
</title>
<style type = "text/css">
canvas {
        border:1px solid #000;
}
</style>
</head>
<body style = "overflow:hidden">
<canvas id = "canvas1"width = "200"height = "100">你的浏览器不支持该功能！</canvas>
<script>
      var canvas1 = document. getElementById('canvas1');//获取 canvas 元素
      var context1 = canvas1. getContext('2d');//此时获取到 canvas 图像上下文
      image = new Image();                    //创建 image 对象
      image. src = "pic. jpg";                 //image 的地址
      image. onload = function(){
      context1. drawImage(image,0,0);
      //绘制原始图像,(0,0)表示图像的左上角位与 canvas 画布的位置
      }
</script>
<br/>
<button onclick = "draw()">图像的反转</button>
<br/>
<canvas id = "canvas2"   width = "200"   height = "100"></canvas>
<script>
//获取图像的 rgba 矩阵并操作
      function draw(){
            var canvas2 = document. getElementById('canvas2');
            var context2 = canvas2. getContext('2d');
              var imagedata = context1. getImageData(0,0,image. width,image. height);
            //getImageData(x1,y1,x2,y2)获取图像的 rgba 矩阵,其中截取图像的大
              小为(x1,y1)-(x2,y2)的矩阵
              var imagedata1 = context2. createImageData(image. width,image. height);
            //createImageData(x,y):创建宽高分别为 x,y 的图像矩阵
              for(var j = 0;j<image. height;j + = 1)
              for(var i = 0;i<image. width;i + = 1){
                  k = 4 * (image. width * j + i);
                  imagedata1. data[k + 0] = 255 - imagedata. data[k + 0];
```

$$imagedata1.\,data[k+1]=255-imagedata.\,data[k+1];$$
$$imagedata1.\,data[k+2]=255-imagedata.\,data[k+2];$$
$$imagedata1.\,data[k+3]=255;$$

```
                }
        context2. putImageData(imagedata1,0,0);
            //putImageData(image,0,0):将 image 矩阵的添加为 context 原矩
              阵的一部分,起点为(0,0)

    }
</script>
</body>
</html>
```

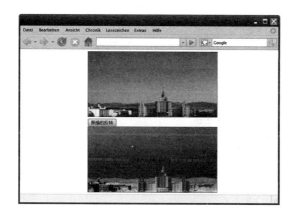

图 5-22　图片翻转效果显示效果

提示：代码 5-22 图片翻转效果经测试，高版本火狐、IE 支持该功能。

第 6 章
使用 CSS3 定义网页样式

CSS3 是 CSS 技术的升级版，是下一代样式表语言。目前，CSS3 规范尚处于完善之中。CSS3 在原有版本的基础上扩充了一些非常实用的属性，本章将对 CSS3 的扩展内容进行讲解。

尽管 CSS3 的很多新特性受到开发者欢迎，但并不是所有浏览器都支持它。各个主流浏览器都设定了解各自的私有属性，以便能让用户体验 CSS3 的新特性。各浏览器私有属性如下：

- Webkit 引擎的浏览器（Safari、Chrome 等）的私有属性的前缀是-webkit-。
- Gecko 引擎的浏览器（Firefox 等）的私有属性前缀是-moz-。
- Opera 浏览器的私有属性前缀是-o-。
- IE（限于 IE8＋）的私有属性前缀是-ms-。

6.1　功能强大的选择器

CSS3 新增了诸多选择器，并兼容 CSS1 和 CSS2 中的选择器。

6.1.1　属性选择器

在 CSS3 中，属性选择器已经构成了强大的标签属性过滤体系，如表 6-1 所示。

表 6-1　CSS 属性选择器

选择器	简介	版本
E［attr］	选择具有 attr 属性的 E 元素	CSS2
E［attr="val"］	选择具有 attr 属性且属性值等于 value 的 E 元素	CSS2
E［attr～="val"］	选择具有 attr 属性且属性值为一个用空格分隔的字词列表，其中一个等于 val 的 E 元素	CSS2
E［attr｜="val"］	选择具有 attr 属性且属性值为一个用连字符分隔的字词列表，由 val 开始的 E 元素	CSS2
E［attr^="val"］	选择具有 attr 属性且属性值为以 val 开头的字符串的 E 元素	CSS3
E［attr$="val"］	选择具有 attr 属性且属性值为以 val 结尾的字符串的 E 元素	CSS3
E［attr*="val"］	选择具有 attr 属性且属性值为包含 val 的字符串的 E 元素	CSS3

下面通过一个示例来了解 3 个新增的 CSS3 属性选择器的使用方法。

代码 6-1　CSS3 属性选择器

＜!DOCTYPE html＞

＜html＞

＜head＞

```
<meta charset = "utf-8"/>
<title>代码 6-1 CSS3 属性选择器</title>
<style type = "text/css">
ul{
        margin:0;
        padding:10px 10px 10px 30px;
}
li{
        margin:1px;
        font-family:Courier New;
        font-weight:bold;
}
/* 使用的是属性选择符 E[attr^ = "val"] */
li[lang^ = "a"]{
        background-color:#333;
}
/* 使用的是属性选择符 E[attr$ = "val"] */
li[lang$ = "a"]{
        background-color:#666;
}
/* 使用的是属性选择符 E[attr* = "val"] */
li[lang* = "b"]{
        background-color:#999;
}
</style>
</head>
<body>
<ul>
    <li lang = "af">lang = af aaaaaaaaa</li>
    <li lang = "ar">lang = ar bbbbbbbbb</li>
    <li lang = "be">lang = be ccccccccc</li>
    <li lang = "bg">lang = bg ddddddddd</li>
    <li lang = "br">lang = br eeeeeeeee</li>
    <li lang = "ca">lang = ca fffffffff</li>
    <li lang = "cs">lang = cs ggggggggg</li>
    <li lang = "da">lang = da hhhhhhhhh</li>
    <li lang = "de">lang = de iiiiiiiii</li>
</ul>
</body>
</html>
```

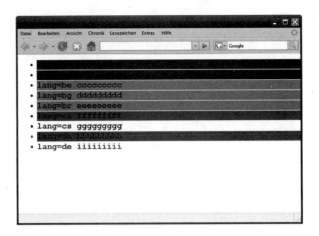

图 6-1 CSS3 属性选择器显示效果

6.1.2 结构伪类选择器

结构伪类选择器可以通过文档结构的相互关系来匹配特定的元素，对于有规律的文档，可减少 class 属性和 id 属性的定义，使文档结构更简洁，如表 6-2 所示。

表 6-2 CSS3 结构伪类选择器

选择器	简介	版本
E：root	选择匹配 E 所在文档的根元素。所谓根元素就是位于文档结构中的顶层元素。在 HTML 页面中，根元素就是 html 元素	CSS3
E：not（s）	选择匹配所有不匹配简单选择器 s 的 E 元素	CSS3
E：empty	选择匹配 E 的元素，且该元素不包含子结点。文本也属于结点	CSS3
E：target	选择匹配当前链接地址指向的 E 元素	CSS3
E：first-child	匹配父元素的第一个子元素	CSS2
E：last-child	匹配父元素的最后一个子元素	CSS3
E：nth-child（n）	匹配元素中第 n 个位置的子元素。其中参数 n 可以是数字、关键字（odd 奇数、even 偶数）、公式（$2n$、$2n+1$ 等）。参数 n 的索引起始值为 1，而不是 0	CSS3
E：nth-last-child（n）	匹配父元素中倒数第 n 个位置的子元素。与选择器 E：nth-child（n）的计算顺序相反，语法和用法相同	CSS3
E：only-child	匹配父元素仅有的一个子元素 E	CSS3
E：first-of-type	匹配同类型中的第一个同级兄弟元素 E	CSS3
E：last-of-type	匹配同类型中的最后一个同级兄弟元素 E	CSS3
E：only-of-type	匹配同类型中的唯一一个同级兄弟元素 E	CSS3
E：nth-of-type（n）	匹配同类型中的第 n 个同级兄弟元素 E	CSS3
E：nth-last-of-type（n）	匹配同类型中的倒数第 n 个同级兄弟元素 E	CSS3

代码 6-2　使用伪类选择器制作表格

```
<!DOCTYPE html>
<html>
<head>
<meta charset = "utf - 8"/>
<title>代码 6-2 使用伪类选择器制作表格</title>
<style type = "text/css">
table {
      border-collapse:collapse;
      font-size:12px;
}
table td {
      font-size:12px;
      padding:0 3px;
      line-height:22px;
}
tr:nth-child(2n + 1){
   background:#e6e6e6;
}
tr:first-child{/ * 渐变效果 * /
      background:-webkit-gradient(linear,left top,left bottom,from( # dbdbdb),
to( # cccccc));
      background:-moz-linear-gradient(left, # dbdbdb, # cccccc);
}
tr:nth-last-child(1){
      background: # d6d6d6;
}
</style>
</head>
<body>
表格
<table width = "100 % "  border = "1"  bordercolor = " # CCCCCC"  cellpadding =
"0"  cellspacing = "0">
   <tr>
       <td>编号</td>
       <td>学号</td>
       <td>姓名</td>
       <td>成绩</td>
   </tr>
   <tr>
       <td>1</td>
       <td> </td>
```

```
      <td> </td>
      <td> </td>
    </tr>
    <tr>
      <td>2</td>
      <td> </td>
      <td> </td>
      <td> </td>
    </tr>
    <tr>
      <td>3</td>
      <td> </td>
      <td> </td>
      <td> </td>
    </tr>
    <tr>
      <td>4</td>
      <td> </td>
      <td> </td>
      <td> </td>
    </tr>
    <tr>
      <td>5</td>
      <td> </td>
      <td> </td>
      <td> </td>
    </tr>
  </table>
</body>
</html>
```

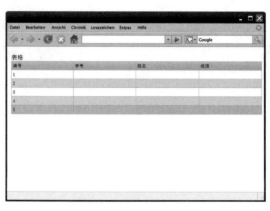

图 6-2　使用伪类选择器制作表格显示效果

6.1.3　UI 元素状态伪类选择器

UI 元素状态伪类选择器可以设置元素处在某种状态下的样式，在交互过程中，只要元素的状态发生变化，选择器就有可能匹配成功，如表 6-3 所示。

表 6-3　CSS3 UI 元素状态伪类选择器

选择器	简介	版本
E：checked	选择器用来指定当表单中的 radio 单选按钮或 checkbox 复选框处于选取状态时的样式。在火狐浏览器下需要写成-moz-checked 的形式	CSS3
E：enabled	选择器用来指定当前表单元素处于可用状态时的样式	CSS3
E：disabled	选择器用来指定当前表单元素处于不可用状态时的样式	CSS3

6.1.4　伪元素选择器

伪元素选择器是 CSS 已经定义好的为元素的选择器。CSS3 中为元素选择器中的冒号都改为了双冒号，使用方法如下。

选择器::伪元素{属性:值;}

下面是 CSS3 中改进过的伪元素选择器，如表 6-4 所示。

表 6-4　CSS 伪元素选择器

选择器	简介	版本
E：first-letter/E:：first-letter	设置对象内的第一个字符的样式	CSS1/CSS3
E：first-line/E:：first-line	设置对象内的第一行的样式	CSS1/CSS3
E：before/E:：before	设置在对象前发生的内容。用来和 content 属性一起使用	CSS2/CSS3
E：after/E:：after	设置在对象后发生的内容。用来和 content 属性一起使用	CSS2/CSS3
E：selection	设置对象被选择的颜色	CSS3

代码 6-3　使用伪元素选择器

```
<!DOCTYPE HTML>
<html>
<head>
<meta charset = "utf - 8">
<title>代码 6-3 使用伪元素选择器</title>
<style type = "text/css">
/ * 突出第一个字 * /
p:first-letter{
        font-size:24px;
        font-weight:bold;
}
/ * 链接前加图片 * /
```

```
a[href $ = doc]::before{
 content:url(images/doc.png);
}
a[href $ = pdf]::before{
 content:url(images/pdf.png);
}
</style>
</head>
<body>
<p>参考文献:<br>
   <a href = "images/test.doc">参考文献 1</a><br>
<a href = "images/test.pdf">参考文献 2</a></p>
</body>
</html>
```

图 6-3　使用伪元素选择器显示效果

6.2　增强的格式化排版

　　CSS3 在原有版本基础上扩充了一些非常实用的排版属性和色彩方案。如圆角、阴影、多重背景等。

6.2.1　文本与字体

　　在 CSS3 中，在文本修饰方面，增加了阴影、描边和发光等效果。在排版方面，对溢出和换行进行了良好的控制。实现在网页中使用特殊字体和少见字体。

1. text-shadow 文本阴影属性

阴影属性 text-shadow 的语法如下:

text-shadow:h-shadow‖v-shadow‖blur‖color;

参数说明:

- h-shadow：是由浮点数字和长度单位组成的长度值，是水平阴影的位置，允许负值。
- v-shadow：是由浮点数字和长度单位组成的长度值，是垂直阴影的位置，允许负值。
- blur：可选值，是由浮点数字和长度单位组成的长度值，模糊的距离，不允许为负值。
- color：可选值，阴影的颜色。

代码 6-4　多样化的文本阴影

```
<!DOCTYPE HTML>
<html>
<head>
<meta charset = "utf - 8">
<title>代码 6-4 多样化的文本阴影</title>
<style type = "text/css">
p{
        font-family:黑体;
        font-weight:bold;
        font-size:36px;
        color:red;
}
p:nth-child(1){text-shadow:5px 5px 3px #333;    /* 添加文字阴影 */}
p:nth-child(2){text-shadow: - 5px-5px 3px #333;/* 文字阴影向左向上偏移 */}
p:nth-child(3){text-shadow: - 5px-5px 3px #00f,
                            5px 5px 3px #333;    /* 同时设置两种及以上的阴影效果 */}
p:nth-child(4){text-shadow: - 1px 0 #333,        /* 向左阴影 */
                            0 - 1px #333,         /* 向上阴影 */
                            1px 0 #333,           /* 向右阴影 */
                            0 1px #333,           /* 向下阴影 */
                                                  /* 使用文字阴影实现描边效果 */}
p:nth-child(5){text-shadow: - 1px 0 #fff,        /* 向左阴影 */
                            0 - 1px #fff,         /* 向上阴影 */
                            1px 0 #333,           /* 向右阴影 */
                            0 1px #333,           /* 向下阴影 */
                                                  /* 使用文字阴影实现凸起效果 */}
p:nth-child(6){text-shadow: - 1px 0 #333,        /* 向左阴影 */
                            0 - 1px #333,         /* 向上阴影 */
                            1px 0 #fff,           /* 向右阴影 */
                            0 1px #fff,           /* 向下阴影 */
                                                  /* 使用文字阴影实现凹陷效果 */}
p:nth-child(7){text-shadow:0 0 10px red;         /* 没有偏移的模糊设置,使用文字
                                                     阴影实现发光效果 */}

</style>
<body>
<p>添加文字阴影</p>
<p>文字阴影向左向上偏移</p>
<p>同时设置两种及以上的阴影效果</p>
<p>使用文字阴影实现描边效果</p>
<p>使用文字阴影实现凸起效果</p>
```

```
<p>使用文字阴影实现凹陷效果</p>
<p>使用文字阴影实现发光效果</p>
</body>
</html>
```

图 6-4　多样化的文本阴影显示效果

2. text-overflow 文本溢出处理属性

良好的布局会限制列表结构的宽度。如果文本过长，会产生文本溢出边界，需要截断显示。CSS3 提供了 text-overflow 属性，处理文本溢出问题。

文本溢出处理属性 text-overflow 的语法如下：

text-overflow:clip‖ellipsis‖ellipsis-word;

取值说明：

- clip：表示直接裁切溢出文本。
- ellipsis：表示文本溢出时，显示省略标记（...），省略标记代替最后一个字符。
- ellipsis-word：表示文本溢出时，显示省略标记（...），省略标记代替最后一个词。

代码 6-5　溢出文本标记为省略号

```
<!DOCTYPE HTML>
<html>
<head>
<meta charset = "utf - 8">
<title>代码 6-5 溢出文本标记为省略号</title>
<style type = "text/css">
li{
        list-style:none;
        line-height:22px;
        border-bottom:1px solid #CCC;
        width:220px;                        /* 设置宽 */
```

```
        font-size:12px;
        overflow:hidden;              /*溢出内容隐藏*/
        white-space:nowrap;           /*强制文本单行显示*/
        text-overflow:ellipsis;       /*设置溢出文本显示为省略标记*/
}
li::before{
    content:url(ico.gif);
    margin-right:10px;}
</style>
<body>
<ul>
    <li>我院召开通信系与中兴通讯深化合作洽谈会</li>
    <li>撷五月花·颂世纪情"第十一届五月鲜花合唱比赛圆满落幕</li>
    <li>"院长杯"足球赛落幕 计科再度问鼎冠军</li>
    <li>我院图书馆"书海寻宝"找书大赛圆满落幕</li>
    <li>北邮世纪学院与运营商世界网共同推进传媒创意产业合作</li>
</ul>
</body>
</html>
```

图 6-5　溢出文本标记为省略号显示效果

3. word-wrap 和 word-break 换行属性

在页面布局中常因换行的问题导致页面参差不齐。CSS3 提供了 word-wrap 和 word-break 属性，来解决这类问题。

（1）word-wrap 属性：边界换行属性，设置或检索当前行超出指定容器的边界时是否断开转行。语法如下：

```
word-wrap:normal|break-word ;
```

取值说明：normal 为默认的连续文本换行，允许内容超出边界；break-word 表示内容将在边界内换行。

代码 6-6　word-wrap 属性实现边界换行

```
<!DOCTYPE HTML>
<html>
<head>
<meta charset = "utf-8">
<title>代码 6-6 word-wrap 属性实现边界换行</title>
<style type = "text/css">
p {
        font-family:Verdana,Geneva,sans-serif;
        border:1px solid #CCC;
        padding:10px;
        width:220px;
        font-size:12px;
}
p:nth-child(1){word-wrap:normal;            /* 设置换行属性 */}
p:nth-child(2){word-wrap:break-word;        /* 设置换行属性为 break-word */}
</style>
<body>
<p>CSS3 is completely backwards compatible,so you will not have to change exist-
ing designs. Browsers will always support CSS2. http://www.w3schools.com/css3/css3_
intro.asp </p>
<p>CSS3 的是完全向后兼容,所以你不会有改变现有的设计。浏览器将始终支持 CSS2。
http://www.w3schools.com/css3/css3_intro.asp</p>
</body>
</html>
```

图 6-6　word-wrap 属性实现边界换行显示效果

　　(2) word-break 属性：字内换行属性，属性设置或检索对象内文本的字内换行行为，尤其是在出现多种语言时。对于中文，应该使用 break-all。语法如下：

Word-break:normal|break-all|keep-all ;

取值说明：normal，依照亚洲语言和非洲语言的文本规则，允许在字内换行；break-all，该行为与亚洲语言的 normal 相同，也允许非洲语言文本行的任意字内断开，该值适合包含一些非亚洲文本的亚洲文本；keep-all，与所有非亚洲语言的 normal 相同。对于中文、韩文、日文，不允许字断开，适合包含少量亚洲文本的非亚洲文本。

代码 6-7　word-break 属性实现字内换行

```
<!DOCTYPE HTML>
<html>
<head>
<meta charset = "utf - 8">
<title>代码 6-7 word-break 属性实现字内换行</title>
<style type = "text/css">
p{
        font-family:Verdana,Geneva,sans-serif;
        border:1px solid #CCC;
        padding:10px;
        width:220px;
        font-size:12px;
        word-break:break-all;/* 设置换行属性 */
}
</style>
<body>
<p>CSS3 is completely backwards compatible,so you will not have to change existing designs. Browsers will always support CSS2. http://www.w3schools.com/css3/css3_intro.asp </p>
<p>CSS3 的是完全向后兼容,所以你不会有改变现有的设计。浏览器将始终支持 CSS2。http://www.w3schools.com/css3/css3_intro.asp</p>
</body>
</html>
```

图 6-7　word-break 属性实现字内换行显示效果

如果将属性 word-break 的值设置为 normal 或 keep-all，显示的结果和 word-wrap 属性设为 normal 显示的结果相同。

4. @font-face 使用服务器端的字体规则

@font-face 规则是 CSS3 中的一个模块，它把自己定义的字体嵌入到网页中，不再局限于客户端安装字体的限制，可以使用不常见的字体和艺术字体。语法规则：

```
@font-face{
        font-family:<YourFontName>;
        src:<source>[<format>][,<source>[<format>]]*;
        [font-weight:<weight>];
        [font-style:<style>];
    }
```

取值说明：

• YourFontName：此值指的就是你自定义的字体名称，最好是使用下载的默认字体，它将被引用到的 Web 元素中的 font-family。如"font-family:" YourFontName";"。

• source：此值指的是自定义的字体的存放路径，可以是相对路径也可以是绝路径。

• format：此值指的是自定义的字体的格式，主要用来帮助浏览器识别，其值主要有以下几种类型：truetype，opentype，truetype-aat，embedded-opentype，avg 等。

• weight 和 style：这两个值大家一定很熟悉，weight 定义字体是否为粗体，style 主要定义字体样式，如斜体。

代码 6-8　使用服务器端的字体规则

```html
<!DOCTYPE HTML>
<html>
<head>
<meta charset = "utf - 8">
<title>代码 6-8 使用服务器端的字体规则</title>
<style type = "text/css">
@font-face{
 font-family:myfont;                            /*声明字体名称*/
 src:url(maozedong.ttf)format("truetype");/*指向服务器端的字体文件*/
}
body {
        padding:0 40px;
}
h1 {
        float:right;
        width:20px;
        margin:0 0 0 10px;
        padding:0;
        font-family:myfont;                    /*使用声明的字体名称定义字体样式*/
```

```
        font-size:33px;                          /* 大小 */
        color:#f90;                              /* 颜色 */
        text-shadow:3px 3px 3px #333;            /* 阴影 */
        word-wrap:break-word;                    /* 边界换行,逗号可在行的开始位置 */
}
p {
        float:right;
        width:20px;
        padding:0;
        margin:0 20px 0 0;
        line-height:33px;
        font-family:myfont;                      /* 使用声明的字体名称定义字体样式 */
        font-size:30px;                          /* 大小 */
        color:#f90;                              /* 颜色 */
        text-shadow:0 0 1px #fff;                /* 阴影 */
        word-wrap:break-word;                    /* 边界换行,逗号可在行的开始位置 */
}
footer {
        float:right;
        width:20px;
        padding-top:80px;
        font-family:myfont;                      /* 使用声明的字体名称定义字体样式 */
        font-size:30px;                          /* 大小 */
        color:#f90;                              /* 颜色 */
        text-shadow:0 0 3px #333;                /* 阴影 */
        margin-right:30px;
}
</style>
<body>
<h1>沁园春·雪</h1>
<p>北国风光,千里冰封,万里雪飘。</p>
<p>望长城内外,惟余莽莽;大河上下,顿失滔滔。</p>
<p>山舞银蛇,原驰蜡象,欲与天公试比高。</p>
<p>须晴日,看红装素裹,分外妖娆。</p>
<p>江山如此多娇,引无数英雄竞折腰。</p>
<p>惜秦皇汉武,略输文采;唐宗宋祖,稍逊风骚。</p>
<p>一代天骄,成吉思汗,只识弯弓射大雕。</p>
<p>俱往矣,数风流人物,还看今朝。</p>
<footer>作者:毛泽东</footer>
</body>
</html>
```

图 6-8　使用服务器端的字体规则显示效果

6.2.2　背景

CSS3 增强了原有背景属性功能，并新增了一些背景属性。

语法规则：

background:[background-image]|[background-origin]|[background-clip]|[background-repeat]|
[background-size]|[background-position]；

取值说明：

background-image：指定或检索对象的背景图像。

background-origin：指定背景的原点位置，属于新增属性。

background-clip：指定背景的显示区域，属性新增属性。

background-repeat：设置或检索对象的背景图像是否及如何重复铺排。

background-size：指定背景图像的大小，属于新增的属性。

background-position：设置或检索对象的背景图像位置。

1. 定义多重图像背景

CSS3 中，可以对一个元素定义一个或多个图像作为背景。代码类似于 CSS2 版本的写法，但引用图像之间需用"，"逗号隔开。第一个图像是定位在元素最上面的背景，后面的背景图像依次在它下面显示。参考代码 6-9。

代码 6-9　多重背景

```
<!DOCTYPE HTML>
<html>
<head>
<meta charset = "utf - 8">
<title>代码 6-9 多重背景</title>
<style type = "text/css">
body{
```

```
background-image:url(bg3.png),url(bg2.png),url(bg1.jpg);
                              /*指定或检索对象的背景图像。*/
background-position:300px 300px,300px 10px,0 0;
                          /*设置或检索对象的背景图像位置。*/
background-repeat:no-repeat,no-repeat,repeat;
                      /*设置或检索对象的背景图像是否及如何重复铺排。*/
}
</style>
<body>
</body>
</html>
```

图 6-9　多重背景显示效果

2. 定义背景原点位置

属性 background-origin 是 CSS3 新增属性，默认情况下属性 background-position 是以元素边框内的左上角为坐标原点来定位背景图像的，应用 background-origin 属性可以控制该原点的位置。

语法规则如下：

background-origin:border-box|padding-box|content-box ;

取值说明：

- border-box：原点位置为边框（border）区域的开始位置。
- padding-box：原点位置为内边距（padding）区域开始位置。
- content-box：原点位置为内容（content）区域的开始位置。

提示：可参考第 2 章的图 2-11 盒模型结构图理解以上取值位置。

代码 6-10　背景原点位置

```
<!DOCTYPE HTML>
<html>
<head>
```

```
<meta charset = "utf - 8">
<title>代码 6-10 背景原点位置</title>
<style type = "text/css">
div {
        padding:50px;                            /* 设置内边距为 50px */
        border:50px solid rgba(255,153,0,0.6);   /* 设置边框宽度为 50px */
        height:100px;
        width:200px;
        color:#fff;
        font-size:24px;
        font-weight:bold;
        text-shadow:2px 0 1px #f00,
                    - 2px 0 1px #f00,
                    0 2px 1px #f00,
                    0 - 2px 1px #f00;
        background-image:url(pic.jpg);           /* 设置背景图像 */
        background-position:0 0;                 /* 背景图像起始位为原点 */
        background-repeat:no-repeat;             /* 背景图像不平铺 */
        -webkit-background-origin:padding-box;   /* 原点从内边距开始(webkit) */
        -moz-background-origin:padding-box;      /* 原点从内边距开始(moz) */
        background-origin:padding-box;           /* 原点从内边距开始 */
}
</style>
<body>
<div>内容从这里开始</div>
</body>
</html>
```

图 6-10 背景原点位置显示效果

3. 指定背景显示区域

CSS3 的新增属性 background-clip，用来指定背景的显示区域。语法规则如下：

background-clip:border-box|padding-box|content-box;

取值说明：

- border-box：背景从边框（border）开始显示。
- padding-box：背景从内边距（padding）开始显示。
- content-box：背景从内容（content）开始显示。

该属性与 background-origin 一样，取值也是根据盒模型的结构来确定的，这两个属性常会结合使用，以实现灵活的控制背景图像。

基于代码 6-10 背景原点位置，在样式表中增加如下代码片段：

-webkit-background-clip:padding-box;　　 /*背景从内边距开始显示(webkit)*/

-moz-background-clip:padding-box;　　　 /*背景从内边距开始显示(moz)*/

background-clip:padding-box;　　　　　 /*背景从内边距开始显

根据以上代码片段实现指定背景显示区域，显示结果如图 6-11，与图 6-10 背景原点显示位置显示效果比较，加深对该属性的理解。

图 6-11　指定背景显示区域显示效果

4. 指定背景图像大小

CSS3 的新增属性 background-size，用来指定背景图像的大小。语法规则如下：

background-size:[＜length＞|＜percentage＞|auto]{1,2}|cover|contain ;

取值说明：

- ＜length＞：由浮点数字和单位标识符组成的长度值，不可为负值。
- ＜percentage＞：取值为 0% 到 100% 之间的值，是基于背景图像的父元素的百分比。
- cover：保持背景图像本身的宽高比例，将图像缩放到正好完全覆盖所定义的背景区域。
- contain：保持背景图像本身的宽高比例，将图像缩放到正好适应所定义的背景区域。

background-size 属性可以使用＜length＞或＜percentage＞来设置背景图像的宽和高，如只给一个值，第二个值为 auto。

代码 6-11　背景图片的大小

```
<!DOCTYPE HTML>
<html>
<head>
<meta charset = "utf-8">
<title>代码 6-11 背景图片的大小</title>
<style type = "text/css">
div{
        float:left;
        margin:10px;
        padding:50px;
        border:1px solid #000;
        height:300px;
        width:300px;
        background-repeat:no-repeat;
        }
div:nth-child(1){/* background-size 属性使用方法 */
        background-image:url(pic. jpg)
                              ,url(pic. jpg)
                              ,url(pic. jpg);
        background-size:30% 30%
                              ,60% 60%
                              ,100% 100%;
}
div:nth-child(2){/* background-cover 属性使用方法 */
        background-image:url(pic. jpg);
        background-size:cover;
}
div:nth-child(3){/* background-contain 属性使用方法 */
        background-image:url(pic. jpg);
        background-size:contain;
}
</style>
<body>
<div></div>
<div></div>
<div></div>
</body>
</html>
```

图 6-12　背景图片的大小显示效果

6.2.3　色彩、透明度、渐变

原版本 CSS 通常使用的色彩模式是 RGB，CSS3 增加了 HSL 色彩模式，还增加了两种色彩模式的透明度设置，以及色彩的渐变效果。

1. HSL 色彩模式

HSL 色彩模式是工业界的颜色标准，这一颜色模式几乎包括了人眼能感知的所有颜色。HSL 色彩模式通过对色调（Hue）、饱和度（Saturation）、亮度（Lightness）三个颜色通道的变化及相互叠加产生丰富色彩。

语法规则如下：

hsl(<length>,<percentage>,<percentage>);

取值说明：

• <length>：表示色调（Hue），可取任意值。其中，该值除以 360 的余数为 0 表示红色，为 60 表示黄色，为 120 表示绿色，为 180 表示青色，为 240 表示蓝色，为 300 表示洋红色。具体颜色取值可参考相关资料。

• <percentage>：表示饱和度（Saturation）。表示色调的浓度，值为百分比。

• <percentage>：表示颜色的明亮度（Lightness），值为百分比。

2. 透明度设置

在 CSS3 中，有三种方式设置透明度：HSLA 色彩模式、RGBA 色彩模式、opacity 属性设置透明度。

（1）HSLA 色彩模式是 HSL 色彩模式的延伸，在色调、饱和度和亮度三项的基础上增加了透明度的参数。语法规则如下：

hsla(<length>,<percentage>,<percentage>,<alpla>);

取值说明：前三个取值参考 hsl 取值即可。<alpha>表示透明度，取值在 0~1 之间。

代码 6-12　HSLA 色彩模式

```
<!DOCTYPE HTML>
<html>
<head>
<meta charset = "utf - 8">
<title>代码 6-12 HSLA 色彩模式</title>
<style type = "text/css">
ul {
```

```
        list-style:none;
        margin:10px;
        padding:0;
        background:url(pic.jpg)no-repeat;
        background-size:cover;
        width:600px;
        height:400px;
    }
    li{height:40px;}
    li:nth-child(1){background:hsla(40,50%,50%,0.1);}
    li:nth-child(2){background:hsla(40,50%,50%,0.2);}
    li:nth-child(3){background:hsla(40,50%,50%,0.3);}
    li:nth-child(4){background:hsla(40,50%,50%,0.4);}
    li:nth-child(5){background:hsla(40,50%,50%,0.5);}
    li:nth-child(6){background:hsla(40,50%,50%,0.6);}
    li:nth-child(7){background:hsla(40,50%,50%,0.7);}
    li:nth-child(8){background:hsla(40,50%,50%,0.8);}
    li:nth-child(9){background:hsla(40,50%,50%,0.9);}
    li:nth-child(10){background:hsla(40,50%,50%,1);}
</style>
<body>
<ul>
    <li></li><li></li><li></li><li></li><li></li>
    <li></li><li></li><li></li><li></li><li></li>
</ul>
</body>
</html>
```

图 6-13　HSLA 色彩模式显示效果

（2）RGBA 色彩模式是 RGB 色彩模式的延伸。在红、绿、蓝，三原色的基础上增加了透明度参数。使用参考 HSLA 色彩模式即可。

（3）透明度 opacity 属性，在 CSS3 中，该属性是专门设置透明度的属性，可以应用于任何页面元素中。语法规则如下：

opacity：<alpha>|inherit；

取值说明：<alpha>：表示透明度，取值在 0~1 之间，默认值为 1，表示不透明；inherit：表示继承父元素的不透明度。

💡提示：在 IE8 及以前的浏览器版本中透明度使用 filter 来设置：filter：alpha（opacity=<value>），<value>的取值范围与 opacity 属性的<alpha>相同。

代码 6-13　图片的半透明

```
<!DOCTYPE HTML>
<html>
<head>
<meta charset = "utf-8">
<title>代码 6-13 图片的半透明</title>
<style type = "text/css">
ul {
        list-style:none;
        padding:10px;
        background:url(logo.gif);
        width:640px;
        height:300px;
}
li {
        float:left;
        margin-left:10px;
        width:200px;
        height:300px;
}
li:nth-child(1){opacity:0.5;}
li:nth-child(2){opacity:0.8;}
</style>
<body>
<ul>
    <li><img src = "pic.jpg"/></li>
    <li><img src = "pic.jpg"/></li>
    <li><img src = "pic.jpg"/></li>
</ul>
</body>
</html>
```

图 6-14　图片的半透明显示效果

3. 色彩渐变

CSS3 渐变（gradients）可以让你在两个或多个指定的颜色之间显示平稳的过渡。原来版本的 CSS 没有该功能，须使用图像来实现这些效果。但是，通过使用 CSS3 渐变可以减少下载的事件和流量的使用。此外，渐变效果的元素在放大时看起来效果更好，因为渐变（gradient）是由浏览器生成的。

CSS3 定义了两种类型的渐变（gradients）：

（1）线性渐变（Linear Gradients）：可以实现向下、向上、向左、向右、对角方向的线性渐变。语法如下：

linear-gradient([＜angle＞|to ＜side-or-corner＞]，＜color-stop＞[＜color-stop＞]＋)

取值说明：＜angle＞或 to ＜side-or-corner＞，指定渐变方向，如表 6-5 所示，第一个取值省略时，默认为"180deg"，等同于"to bottom"＜color-stop＞表示颜色的起始和结束点，可以有多个颜色。

表 6-5　线性渐变方向

角度	英文	说明	角度	英文	说明
0 deg	to top	从下向上	270 deg	to left	从右向左
90 deg	to right	从左向右		to top left	右下角到左上角
180 deg	to bottom	从上向下		to top rigth	左下角到右上角

（2）径向渐变（Radial Gradients）：以元素的中心定义径向渐变。为了创建一个径向渐变，也必须至少定义两种颜色结点。颜色结点即想要呈现平稳过渡的颜色。同时，也可以指定渐变的中心、形状（圆型或椭圆形）和大小。默认情况下，渐变的中心是 center（表示在中心点），渐变的形状是 ellipse（表示椭圆形），渐变的大小是 farthest-corner（表示到最远的角落）。语法规则如下：

radial-gradient([＜shape＞‖＜size＞][at＜position＞]，|＜color-stop＞[＜color-stop＞]＋)；

取值说明。

• ＜shape＞，主要用来定义径向渐变的形状，其主要包括两个值"circle"和"ellipse"。circle，如果＜size＞和＜length＞大小相等，那么径向渐变是一个圆形，也就是用来指定圆形的径向渐变；ellipse，如果＜size＞和＜length＞大小不相等，那么径向渐变是一个椭圆形，也就是用来指定椭圆形的径向渐变。

• <size>，主要用来确定径向渐变的结束形状大小。如果省略了，其默认值为
"farthest-corner"。可以给其显式的设置一些关键词，主要有：closest-side，指定径向渐变
的半径长度为从圆心到离圆心最近的边；closest-corner，指定径向渐变的半径长度为从圆心
到离圆心最近的角；farthest-side，指定径向渐变的半径长度为从圆心到离圆心最远的边；
farthest-corner，指定径向渐变的半径长度为从圆心到离圆心最远的角。

• <position>，主要用来定义径向渐变的圆心位置，用于确定元素渐变的中心位置，如
果这个参数省略了，其默认值为 "center"。其值主要有以下几种：<length>，用长度值指定
径向渐变圆心的横坐标或纵坐标，可以为负值。<percentage>，用百分比指定径向渐变圆心
的横坐标或纵坐标，可以为负值。left，设置左边为径向渐变圆心的横坐标值。center，设置中
间为径向渐变圆心的横坐标值或纵坐标。right，设置右边为径向渐变圆心的横坐标值。top，
设置顶部为径向渐变圆心的纵标值。bottom，设置底部为径向渐变圆心的纵标值。

代码 6-14　渐变效果

```html
<!DOCTYPE HTML>
<html>
<head>
<meta charset = "utf-8">
<title>代码 6-14 渐变效果</title>
<style>
#grad0{
        float:left;
        width:200px;
        height:400px;
        font-size:12px;
        margin-left:10px;
}
h3{font-size:14px;}
#grad1 {
        height:50px;
        background:-webkit-linear-gradient(red,blue);/* Safari 5.1-6.0 */
        background:-o-linear-gradient(red,blue);        /* Opera 11.1-12.0 */
        background:-moz-linear-gradient(red,blue);      /* Firefox 3.6-15 */
        background:linear-gradient(red,blue);           /* 标准的语法(必须放在最后)*/
}
#grad2{
        height:50px;
        background:-webkit-linear-gradient(left top,red ,blue);
                                                /* Safari 5.1-6.0 */
        background:-o-linear-gradient(bottom right,red,blue);
                                                /* Opera 11.1-12.0 */
        background:-moz-linear-gradient(bottom right,red,blue);
```

```
                                                          /＊Firefox 3.6－15＊/
        background:linear-gradient(to bottom right,red ,blue);
                                                  /＊标准的语法(必须放在最后)＊/
}
#grad3{
        height:50px;
        background:-webkit-linear-gradient(0deg,red,blue);/＊Safari 5.1－6.0＊/
        background:-o-linear-gradient(0deg,red,blue);      /＊Opera 11.1－12.0＊/
        background:-moz-linear-gradient(0deg,red,blue);    /＊Firefox 3.6－15＊/
        background:linear-gradient(0deg,red,blue);/＊标准的语法(必须放在最后)＊/
}

#grad4{
        height:50px;
        background:-webkit-linear-gradient(90deg,red,blue);/＊Safari 5.1－6.0＊/
        background:-o-linear-gradient(90deg,red,blue);/＊Opera 11.1－12.0＊/
        background:-moz-linear-gradient(90deg,red,blue);/＊Firefox 3.6－15＊/
        background:linear-gradient(90deg,red,blue);/＊标准的语法(必须放在最后)＊/
}

#grad5{
        height:50px;
        background:-webkit-linear-gradient(180deg,red,blue);/＊Safari 5.1－6.0＊/
        background:-o-linear-gradient(180deg,red,blue);/＊Opera 11.1－12.0＊/
        background:-moz-linear-gradient(180deg,red,blue);/＊Firefox 3.6－15＊/
        background:linear-gradient(180deg,red,blue);/＊标准的语法(必须放在最后)＊/
}

#grad6{
        height:50px;
        background:-webkit-linear-gradient(－90deg,red,blue);/＊Safari 5.1－6.0＊/
        background:-o-linear-gradient(－90deg,red,blue);/＊Opera 11.1－12.0＊/
        background:-moz-linear-gradient(－90deg,red,blue);/＊Firefox 3.6－15＊/
        background:linear-gradient(－90deg,red,blue);/＊标准的语法(必须放在最后)＊/
}
#grad7{
        height:50px;
        background:-webkit-linear-gradient(left,red,orange,yellow,green,blue,indigo,
violet);/＊Safari 5.1－6.0＊/
        background:-o-linear-gradient(left,red,orange,yellow,green,blue,indigo,
```

```
violet);/*Opera 11.1 - 12.0*/
        background:-moz-linear-gradient(left,red,orange,yellow,green,blue,indi-
go,violet);/*Firefox 3.6 - 15*/
        background:linear-gradient(to right,red,orange,yellow,green,blue,indi-
go,violet);/*标准的语法(必须放在最后)*/
    }
    #grad8{
        height:50px;
        background:-webkit-linear-gradient(left,rgba(255,0,0,0),rgba(255,0,0,
1));/*Safari 5.1 - 6.0*/
        background:-o-linear-gradient(right,rgba(255,0,0,0),rgba(255,0,0,1));/
*Opera 11.1 - 12.0*/
        background:-moz-linear-gradient(right,rgba(255,0,0,0),rgba(255,0,0,
1));/*Firefox 3.6 - 15*/
        background:linear-gradient(to right,rgba(255,0,0,0),rgba(255,0,0,1));/
*标准的语法(必须放在最后)*/
    }
    #grad9{
        height:200px;
        background:-webkit-radial-gradient(red,green,blue);/*Safari 5.1 - 6.0*/
        background:-o-radial-gradient(red,green,blue);/*Opera 11.6 - 12.0*/
        background:-moz-radial-gradient(red,green,blue);/*Firefox 3.6 - 15*/
        background:radial-gradient(red,green,blue);/*标准的语法(必须放在最后)*/
    }
    #grad10{
        height:200px;
        background:-webkit-radial-gradient(red,yellow,green);/*Safari 5.1 - 6.0*/
        background:-o-radial-gradient(red,yellow,green);/*Opera 11.6 - 12.0*/
        background:-moz-radial-gradient(red,yellow,green);/*Firefox 3.6 - 15*/
        background:radial-gradient(red,yellow,green);/*标准的语法(必须放在最后)*/
    }

    #grad11{
        height:200px;
        background:-webkit-radial-gradient(circle,red,yellow,green);
                                                /*Safari 5.1 - 6.0*/
        background:-o-radial-gradient(circle,red,yellow,green);
                                                /*Opera 11.6 - 12.0*/
        background:-moz-radial-gradient(circle,red,yellow,green);
                                                /*Firefox 3.6 - 15*/
```

```
        background:radial-gradient(circle,red,yellow,green);
                                        /*标准的语法(必须放在最后)*/
    }
    #grad12{
        height:80px;
        width:80px;
        background:-webkit-radial-gradient(60% 55%,closest-side,blue,green,yellow,
black);/*Safari 5.1-6.0*/
        background:-o-radial-gradient(60% 55%,closest-side,blue,green,yellow,
black);/*Opera 11.6-12.0*/
        background:-moz-radial-gradient(60% 55%,closest-side,blue,green,yellow,
black);/*Firefox 3.6-15*/
        background:radial-gradient(60% 55%,closest-side,blue,green,yellow,black);/*
标准的语法(必须放在最后)*/
    }

    #grad13{
        height:80px;
        width:80px;
        background:-webkit-radial-gradient(60% 55%,farthest-side,blue,green,
yellow,black);/*Safari 5.1-6.0*/
        background:-o-radial-gradient(60% 55%,farthest-side,blue,green,yellow,
black);/*Opera 11.6-12.0*/
        background:-moz-radial-gradient(60% 55%,farthest-side,blue,green,yellow,
black);/*Firefox 3.6-15*/
        background:radial-gradient(60% 55%,farthest-side,blue,green,yellow,
black);/*标准的语法(必须放在最后)*/
    }

    #grad14{
        height:80px;
        width:80px;
        background:-webkit-radial-gradient(60% 55%,closest-corner,blue,green,
yellow,black);/*Safari 5.1-6.0*/
        background:-o-radial-gradient(60% 55%,closest-corner,blue,green,yellow,
black);/*Opera 11.6-12.0*/
        background:-moz-radial-gradient(60% 55%,closest-corner,blue,green,yellow,
black);/*Firefox 3.6-15*/
        background:radial-gradient(60% 55%,closest-corner,blue,green,yellow,
black);/*标准的语法(必须放在最后)*/
    }
```

```
#grad15{
        height:80px;
        width:80px;
        background:-webkit-radial-gradient(60% 55%,farthest-corner,blue,green,
yellow,black);/* Safari 5.1-6.0 */
        background:-o-radial-gradient(60% 55%,farthest-corner,blue,green,yellow,
black);/* Opera 11.6-12.0 */
        background:-moz-radial-gradient(60% 55%,farthest-corner,blue,green,
yellow,black);/* Firefox 3.6-15 */
        background:radial-gradient(60% 55%,farthest-corner,blue,green,yellow,
black);/* 标准的语法(必须放在最后) */
}
</style>
</head>
<body>
<div id="grad0">
<h3>线性渐变-从上到下</h3>
<p>从顶部开始的线性渐变。起点是红色,慢慢过渡到蓝色:</p>
<div id="grad1"></div>
<h3>线性渐变-对角</h3>
<p>从左上角开始(到右下角)的线性渐变。起点是红色,慢慢过渡到蓝色:</p>
<div id="grad2"></div>
<h3>线性渐变-使用不同的角度</h3>
<div id="grad3"  style="color:white;text-align:center;">0deg</div><br>
<div id="grad4"  style="color:white;text-align:center;">90deg</div><br>
<div id="grad5"  style="color:white;text-align:center;">180deg</div><br>
<div id="grad6"  style="color:white;text-align:center;">-90deg</div>
<p><strong>注意:</strong>Internet Explorer 9 及之前的版本不支持渐变。</p>
</div>
<div id="grad0">
<div id="grad7"  style="text-align:center;margin:auto;color:#fff;font-
size:20px;font-weight:bold">
渐变背景
</div>
<h3>线性渐变-透明度</h3>
<p>为了添加透明度,我们使用 rgba()函数来定义颜色结点。rgba()函数中的最后一个参
数可以是从 0 到 1 的值,它定义了颜色的透明度:0 表示完全透明,1 表示完全不透明。</p>
<div id="grad8"></div>
<h3>径向渐变-颜色结点均匀分布</h3>
```

```
<div id = "grad9"></div>
<p><strong>注意:</strong>Internet Explorer 9 及之前的版本不支持渐变。</p>
</div>
<div id = "grad0">
<h3>径向渐变－形状</h3>
<p><strong>椭圆形 Ellipse(默认):</strong></p>
<div id = "grad10"></div>
<p><strong>圆形 Circle:</strong></p>
<div id = "grad11"></div>
<p><strong>注意:</strong>Internet Explorer 9 及之前的版本不支持渐变。</p>
</div>
<div id = "grad0">
<h3>径向渐变－不同尺寸大小关键字的使用</h3>
<p><strong>closest-side:</strong></p>
<div id = "grad12"></div>
<p><strong>farthest-side:</strong></p>
<div id = "grad13"></div>
<p><strong>closest-corner:</strong></p>
<div id = "grad14"></div>

<p><strong>farthest-corner(默认):</strong></p>
<div id = "grad15"></div>
<p><strong>注意:</strong>Internet Explorer 9 及之前的版本不支持渐变。</p>
</div>
</body>
</html>
```

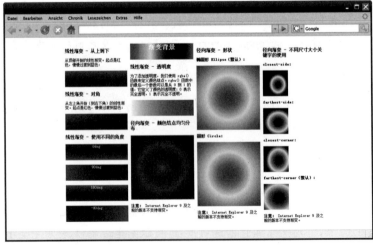

图 6-15　渐变效果显示效果

6.3　增强的盒模型和盒布局

在应用 CSS2 的时期，页面的布局主要使用 DIV＋CSS，但浮动布局还有很多不足，盒元素的阴影效果需要借助图片实现，界面美化比较复杂。而在 CSS3 中，布局与界面设计则表现的更加友好，弹性的布局和盒元素的修饰都更简单。本节将针对 CSS3 新增的属性内容进行讲解。

6.3.1　增强的盒模型

盒模型是网页设计中最基本、最重要的模型。CSS3 新增的与盒模型有关的属性，包括：边框、阴影、溢出等。

1. 边框

在 CSS3 中，通过样式表实现了圆角边框、图像边框和多色边框等效果。

（1）应用 border-radius 属性设计圆角边框。语法规则如下：

border-radius:none|＜length＞{1,4} [/＜length＞]{1,4}]?

取值说明：none 为默认值，表示元素没有圆角。＜length＞由浮点数字和单位标识符组成的长度值，不能为负值。该值分两组，每组可有 1 到 4 个值，第一组为水平半径，第二组为垂直半径，如第二组省略，则默认等于第一组的值。

派生子属性：border-top-left-radius，定义左上角的圆角；border-top-right-radius，定义右上角的圆角；border-bottom-left-radius，定义左下角的圆角；border-bottom-left-radius，定义右下角的圆角。

圆角边框效果可参考如下代码片段理解：

```
#div1 {
    width:200px;
    height:80px;
    background-color:#fe0;
    border:10px solid #f90;          /*宽度为10px的边框*/
    border-radius:20px;              /*边框的圆角半径为20px*/
}
#div2 {
    width:200px;
    height:80px;
    background-color:#fe0;
    border:10px solid #f90;          /*宽度为10px的边框*/
    border-radius:20px/40px;         /*斜线间隔的两组半径*/
    border-radius:20px 30px 40px 50px/30px 40px 10px 0;
}
```

（2）应用 border-image 属性设计图像边框。语法规则如下：

border-image:none|＜image＞[＜number＞|＜percentage＞]{1,4} [/ ＜border-width＞{1,

4}]?[stretch|repeat|round]{0,2}

取值说明：none 为默认值，表示边框没有背景图。＜image＞使用绝对或相对的 url 地址指定图像。＜number＞裁切边框图像大小，属性值没有单位，默认单位为像素。＜percentage＞裁切边框图像大小，使用百分比表示。＜border-width＞由浮点数字和单位标识符组成的长度值，不可为负值，用于设置边框宽度。stretch、repeat 和 round，分别表示拉伸、重复、平铺，其中默认值为 stretch。

派生子属性：borderr-top-image，定义上边框的图像；borderr-right-image，定义右边框的图像；borderr-bottom-image，定义下边框的图像；borderr-left-image，定义左边框的图像；border-top-left-image，定义左上角边框的图像；border-top-right-image，定义右上角边框的图像；border-bottom-left-image，定义左下角边框的图像；border-bottom-right-image，定义右下角边框的图像；border-image-source，定义边框的图像源，使用绝对火相对的 url 地址；border-image-slice，定义边框图像切片，设置图像的边界向内的偏移长度；border-image-repeat，定义边框图像的展示方式，拉伸、重复、平铺；border-image-width，定义图像边框的宽，也可使用 border-width 属性实现相同功能；border-image-outset，定义边框图像的偏移位置。

图像边框效果可参考如下代码片段理解：

```
div {
        width:200px;
        height:80px;
        -webkit-border-image:url(.. /images/borderimage. png)30/10px round;
                                        /* 兼容 webkit 内核 */
        -moz-border-image:url(.. /images/borderimage. png)30/10px round;
                                        /* 兼容 gecko 内核 */
        -o-border-image:url(.. /images/borderimage. png)30/10px round;
                                        /* 兼容 presto 内核 */
        border-image:url(.. /images/borderimage. png)30/10px round;
                                        /* 标准用法 */
}
```

（3）应用 border-color 属性设计多色边框。之前版本的 CSS 规范中已经定义过这个属性，CSS′3 增强了这个属性的功能。语法规则如下：

border-color:[＜color＞|transparent]{1,4}

取值说明：＜color＞是一个颜色值，可以是半透明颜色。transparent 是透明值，不设置边框颜色时默认为该值。border-color 属性遵循 CSS 赋值的方位规则，可以分别为 4 个边框设置颜色。

派生子属性：border-top-color，定义元素顶部边框的颜色；border-right-color，定义元素右侧边框的颜色；border-bottom-color，定义元素底部边框的颜色；border-left-color，定义元素左侧边框的颜色。指定多种颜色需要使用子属性，但仅火狐浏览器私有属性支持。

2. 盒阴影

CSS3 新增的 box-shadow 属性，可以定义元素的阴影效果。关于该属性，设计师们尤其喜欢。到目前为止，已经获得更多浏览器的支持和更加广泛的使用。基于 webkit 内核的替代私有属性是-webkit-box-shadow，基于 gecko 内核的替代私有属性是-moz-box-shadow。

box-shadow 属性为盒元素添加一个或多个阴影。其语法如下：

box-shadow:none|[inset]?[<length>]{2,4}[<color>]?;

取值如下：

- none：默认值，表示没有阴影。
- inset：可选值，表示设置阴影的类型为内阴影，默认为外阴影。
- <length>：是由浮点数字和单位标识符组成的长度值，可取负值。4 个 length 分别表示阴影的水平偏移、垂直偏移、模糊距离和阴影大小，其中水平偏移和垂直偏移是必需的值，模糊半径和阴影大小可选。
- <color>：可选，表示阴影的颜色。完整的阴影属性值包含 6 个参数值：阴影类型、水平偏移长度、垂直偏移长度、模糊半径、阴影大小和阴影颜色，其中水平偏移长度和垂直偏移长度是必需的，其他的都可以有选择地省略。

盒子阴影与文本阴影看起来很相像，但是它们的语法是不同的，而且盒子阴影应用于页面元素，文本阴影仅应用于文字。

代码 6-15　盒元素阴影

```
<!DOCTYPE HTML>
<html>
<head>
<meta charset = "utf-8">
<title>盒元素阴影</title>
<style type = "text/css">
div {
        width:200px;
        height:100px;
        background-color:#f90;
        -webkit-box-shadow:5px 5px 5px #333;      /*兼容 webkit 内核*/
        -moz-box-shadow:5px 5px 5px #333;         /*兼容 gecko 内核*/
        box-shadow:5px 5px 5px #333;              /*标准用法*/
}
</style>
</head>
<body>
<div></div>
</body>
</html>
```

图 6-16　盒元素阴影显示效果

3. 盒尺寸计算

当为一个盒元素同时设置 border、padding 和 width 或 height 属性时，在不同的浏览器下，会有不同的尺寸。特别是在 IE 中，width 和 height 是包含 border 和 padding 的，标准的 width 和 height 是不包含 border 和 padding 的。为此，要写大量的兼容代码，以满足不同浏览器的需要。

　　CSS3 对盒模型进行了改善，新增的 box-sizing 属性，可用于定义 width 和 height 的计算方法，可自由定义是否包含 border 和 padding。

　　box-sizing 属性定义盒元素尺寸的计算方法。其语法如下：

　　box-sizing:content-box|padding-box|border-box|inherit ;

　　取值如下：

　　• content-box：默认值，计算方法为 width/height＝content，表示指定的宽度和高度仅限内容区域，边框和内边距的宽度不包含在内。

　　• padding-box：计算方法为 width/height＝content＋padding，表示指定的宽度和高度包含内边距和内容区域，边框宽度不包含在内。

　　• border-box：计算方法为 width/height＝content＋padding＋border，表示指定的宽度和高度包含边框、内边距和内容区域。

　　• inherit：表示继承父元素中 box-sizing 属性的值。

代码 6-16　盒元素尺寸计算

```
<!DOCTYPE HTML>
<html>
<head>
<meta charset = "utf-8">
<title>代码 6-盒元素尺寸计算</title>
<style type = "text/css">
div {
        margin:5px;
        width:200px;                    /* 宽度 200px */
        height:80px;                    /* 高度 80px */
        background-color:#fe0;
        border:10px solid #f90;         /* 边框宽度为 10px */
        padding:10px;                   /* 内边距宽度为 10px */
        font-weight:bold;
        font-size:18px;
        line-height:40px;
}
/* 属性值 border-box */
.s1 {
        box-sizing:border-box;
        -webkit-box-sizing:border-box;
        -moz-box-sizing:border-box;
}
/* 属性值 padding-box */
.s2 {
```

```
        box-sizing:padding-box;
        -webkit-box-sizing:padding-box;
        -moz-box-sizing:padding-box;
}
/* 属性值 content-box */
.s3 {
        box-sizing:content-box;
        -webkit-box-sizing:content-box;
        -moz-box-sizing:content-box;
}
</style>
</head>
<body>
<div class = "s1">border-box</div>
<div class = "s2">padding-box</div>
<div class = "s3">content-box</div>
</body>
</html>
```

图 6-17　盒元素尺寸计算显示效果

4. 盒溢出内容处理

在 CSS2.1 规范中，就已经有处理溢出的 overflow 属性，该属性定义当盒子的内容超出盒子边界时的处理方法。CSS3 新增的 overflow-x 和 overflow-y 属性，是对 overflow 属性的补充，分别表示水平方向上的溢出处理和垂直方向上的溢出处理。

overflow-x 和 overflow-y 属性的语法如下：

overflow-x:visible|auto|hidden|scroll|no-display|no-content;

overflow-y:visible|auto|hidden|scroll|no-display|no-content;

取值说明：

• visible：默认值，盒子溢出时，不裁剪溢出的内容，超出盒子边界的部分将显示在盒元素之外。

• auto：盒子溢出时，显示滚动条。

• hidden：盒子溢出时，溢出的内容将被裁剪，并且不提供滚动条。

• scroll：始终显示滚动条。

• no-display：当盒子溢出时，不显示元素。该属性值是新增的。

• no-content：当盒子溢出时，不显示内容。该属性值是新增的。

代码 6-17　盒元素溢出

```
<!DOCTYPE HTML>
<html>
<head>
<meta charset = "utf - 8">
<title>代码 6-盒元素溢出</title>
```

```
<style type = "text/css">
div {
        margin:10px;
        width:200px;
        height:80px;
        padding:10px;
        border:1px solid #f90;
        float:left;
}
#box1 {
        overflow-x:scroll;        /* 水平方向属性值为 scroll */
        overflow-y:scroll;        /* 垂直方向属性值为 scroll */
}
#box2 {
        overflow-x:auto;          /* 水平方向属性值为 auto */
        overflow-y:auto;          /* 垂直方向属性值为 auto */
}
#box3 {
        overflow-x:hidden;        /* 水平方向属性值为 hidden */
        overflow-y:hidden;        /* 垂直方向属性值为 hidden */
}
#box4 {
        overflow-x:visible;       /* 水平方向属性值为 visible */
        overflow-y:visible;       /* 垂直方向属性值为 visible */
}
</style>
</head>
<body>
<div id = "box1">CSS3 新增的 overflow-x 和 overflow-y 属性,是对 overflow 属性的
补充,分别表示水平方向上的溢出处理和垂直方向上的溢出处理。</div>
<div id = "box2">CSS3 新增的 overflow-x 和 overflow-y 属性,是对 overflow 属性的
补充,分别表示水平方向上的溢出处理和垂直方向上的溢出处理。</div>
<div id = "box3">CSS3 新增的 overflow-x 和 overflow-y 属性,是对 overflow 属性的
补充,分别表示水平方向上的溢出处理和垂直方向上的溢出处理。</div>
<div id = "box4">CSS3 新增的 overflow-x 和 overflow-y 属性,是对 overflow 属性的
补充,分别表示水平方向上的溢出处理和垂直方向上的溢出处理。</div>
</body>
</html>
```

图 6-18　盒元素溢出显示效果

6.3.2　装饰盒模型

CSS3 在盒模型装饰方面有很大改进，可以允许改变元素尺寸、定义外轮廓线、改变焦点导航顺序、让元素变身，以及给元素添加内容等。

1. 应用 resize 属性改变尺寸

resize 属性定义一个元素是否允许用户调节大小。语法规则如下：

resize:none|both|horizontal|vertical|inherit ;

取值说明：

- none：默认值，表示用户不能调整元素。
- both：表示用户可以调节元素的宽和高。
- horizontal：表示用户可以调整元素的宽，但不能调节高。
- vertical：表示用户可以调节元素的高，但不能调节宽。
- inherit：表示继承父元素。

代码 6-18　可调节大小的 div 元素

```
<!DOCTYPE HTML>
<html>
<head>
<meta charset = "utf-8">
<title>代码 6-18 可调节大小的 div 元素</title>
<style type = "text/css">
div {
        width:100px;
        height:80px;
        max-width:600px;          /*设置最大宽度限制*/
        max-height:400px;         /*设置最大高度限制*/
        padding:10px;
        border:1px solid #f90;
        resize:both;              /*设置元素的宽度和高度均可调整*/
        overflow:auto;            /*设置溢出属性值为 auto*/
}
</style>
</head>
<body>
```

```
<div>
<p>取值说明：<br>
    none：默认值，表示用不能调整元素。<br>
    both：表示用户可以调节元素的宽和高。<br>
    horizontal：表示用户可以调整元素的宽，但不能调节高。<br>
    vertical：表示用户可以调节元素的高，但不能调节宽。<br>
    inherit：表示继承父元素。</p>
</div>
</body>
</html>
```

2. 应用 outline 属性外轮廓线

outline 属性可以定义一个元素的外轮廓线，以突出显示元素。语法规则如下：

outline：[outline-width] || [outine-style] || [outline-color]|inherit ；

取值说明：

图 6-19　可调节大小的 div 元素显示效果

- ＜outline-width＞：定义元素轮廓的宽度。thin 是定义较细的轮廓宽度；medium 为默认值，是定义中等的轮廓宽度；thick 是定义较粗的轮廓宽度；＜length＞可以定义轮廓的宽度值，包含长度单位，不允许为负值；inherit 表示继承父元素。

- ＜outline-style＞：定义元素轮廓的样式。none 为没有轮廓；dotted 为点状轮廓；dashed 为虚线轮廓；solid 为实线轮廓；double 为双线轮廓，双线的宽等于 outline-width 属性的值；groove 为 3D 凹槽轮廓，显示效果取决于 outline-color 属性的值；ridge 为 3D 凸槽轮廓，显示效果取决于 outline-color 属性的值；inset 为 3D 凹边轮廓，显示效果取决于 outline-color 属性的值；outset 为 3D 凸边轮廓，显示效果取决于 outline-color 属性的值；inherit 表示继承父元素。

- ＜outline-color＞：用于定义元素轮廓的颜色。＜color＞可以定义轮廓颜色和透明度；invert 为默认值，执行颜色反转，以保证轮廓在任何背景下都可见；inherit 表示继承父元素。

outline-offset 属性是外轮廓与元素边界的距离，语法规则如下：

outline-offset：＜length＞|inherit ；

取值说明：

- ＜length＞：表示偏离距离的长度值，包含长度单位，可以为负值。

- inherit：表示继承父元素。

代码 6-19　使用外轮廓样式

```
<!DOCTYPE HTML>
<html>
<head>
<meta charset = "utf - 8">
<title>代码 6-19 使用外轮廓样式</title>
```

```
<style type = "text/css">
#login {
        margin:20px auto;
        width:300px;
        border:1px solid #f90;
        padding:20px;
        line-height:22px;
        outline:2px solid #ccc;
        background-color:#CFF;
        font-size:18px;
}
#login h1 {
        font-size:18px;
        margin:0;
        padding:5px;
        border-bottom:1px solid #fc6;
        margin-bottom:10px;
}
#login label {
        display:block;
        width:100px;
        float:left;
        text-align:right;
        clear:left;
        margin-top:15px;
}
#login input {
        float:left;
        width:150px;
        margin-top:15px;
        line-height:22px;
        height:22px;
}
#login input:focus {
        outline:4px solid #fc6;
}
#login div {
        clear:both;
        padding-left:100px;
        padding-top:20px;
        font-size:12px;
```

```
    }
    #login div button {
            width:80px;
            font-size:14px;
            line-height:22px;
            background-image:-moz-linear-gradient(top,#ffffcc,#ffcc99);/*渐变*/
            background-image:-webkit-gradient(linear,left top,left bottom,from(#ffffcc),
to(#ffcc99));  /*渐变*/
            border:1px solid #f90;
    }
    #login div button:hover {
            outline:4px solid #fc6;
    }
</style>
</head>
<body>
<form id="form1" name="form1" method="post" action="">
    <div id="login">
        <h1>用户登录</h1>
        <label for="UserName">用户名:</label>
        <input type="text" name="UserName" id="UserName">
        <label for="Password">密　码:</label>
        <input type="password" name="Password" id="Password">
        <div>
            <button>登　录</button>
            <a href="#">忘记密码?</a></div>
    </div>
</form>
</body>
</html>
```

图 6-20　使用外轮廓样式显示效果

3. 应用 appearance 属性伪装元素

CSS3 新增的 appearance 属性，可以把元素伪装成其他类型的元素。语法规则如下：

appearance:normal|icon|window|button|menu|field ；

取值说明：

- normal：正常地修饰元素。
- icon：把元素伪装得像一个图标。
- window：把元素伪装得像一个窗口。
- button：把元素伪装得像一个按钮。
- menu：把元素伪装得像菜单。
- field：把元素伪装得像一个输入框。

代码 6-20　伪装的按钮

```html
<!DOCTYPE HTML>
<html>
<head>
<meta charset = "utf-8">
<title>代码 6-20 伪装的按钮</title>
<style type = "text/css">
div,a,input[type = text] {
    -webkit-appearance:button;
    -moz-appearance:button;
    appearance:button;
}
#nav {
    width:240px;
    padding:10px;
    height:130px;
    font-size:14px;
}
#nav a {
    font-size:12px;
    padding:0 10px;
    line-height:22px;
    text-decoration:none;
    color:#00F;
}
</style>
</head>
<body>
<div id = "nav">
    <input type = "text"  name = "key"  value = "关键词">
    <a href = "#">搜索</a><br><br>
```

热门关键词：＜br＞＜br＞

＜a href＝"＃"＞CSS3＜/a＞＜a href＝"＃"＞HTML5＜/a＞＜a href＝"＃"＞网页前端开发＜/a＞＜/div＞

＜/body＞

＜/html＞

图 6-21　伪装的按钮显示效果

4. 应用 content 属性为元素添加内容

Content 属性可以为元素添加内容，可以使用：before 及：after 伪元素生成内容。语法规则如下：

content:none|normal|＜string＞|counter(＜counter＞)|attr(＜attribute＞)|url(＜url＞)|inherit;

取值说明：

none：如有指定添加内容，则设置为空。

normal：默认值，不做任何指定或改动。

＜string＞：指定添加的文本内容。

counter（＜counter＞）：指定一个计数器作为添加内容。

attr（＜attribute＞）：把选择的元素的属性作为添加内容，＜attribute＞为元素的属性。

url（＜url＞）：指定一个外部资源作为添加内容，如图像、音频、视频等，＜url＞为一个网址。

inherit：表示继承父元素。

代码 6-21　为元素添加内容

＜!DOCTYPE HTML＞

＜html＞

＜head＞

＜meta charset＝"utf－8"＞

＜title＞代码 6-21 为元素添加内容＜/title＞

＜style type＝"text/css"＞

＃nav {

　　　margin:20px auto;

　　　width:200px;

　　　border:1px solid ＃f90;

```
        padding:20px;
        line-height:22px;
        font-size:18px;
}
#nav a {
        display:block;
        font-size:12px;
        line-height:22px;
        color:#00F;
}
/*筛选链接地址,添加不同的内容*/
a[href $ = html]:before {
 content:"网页:";
}
a[href $ = jpg]:before {
 content:"图片:";
}
a[href $ = doc]:before {
 content:"Word 文档:";
}
a[href $ = pdf]:before {
 content:url("pdf.png");
}
</style>
</head>
<body>
<div id = "nav"><a href = "test.html">登录页面</a><a href = "pic.jpg">明
德楼</a><a href = "test.doc">参考文献</a><a href = "test.pdf">《网页设计技
术》资料</a></div>
</body>
</html>
```

图 6-22　为元素添加内容显示效果

6.3.3　增强的盒布局

CSS3 增强的盒布局解决了传统布局中的不足，CSS 增加了多列布局和灵活的盒布局。

1. 多列布局

CSS3 新增的多列布局，可以从多个方面去设置：多列的列数、每列的宽度、列与列之间的距离、列与列之间的间隔线、跨多列设置和列高设置等。

（1）columns 多列属性，是 CSS3 的新增属性，用于快速定义多列的列数和每列的宽度。语法规则如下：

columns:＜column-width＞||＜column-count＞;

取值说明：

＜column-width＞：定义每列的宽度。auto 是指列的宽度由浏览器决定；＜length＞可以直接指定列宽，值是由浮点数和单位标识符组成的长度值，不可为负值。

＜column-count＞：定义多列的列数。auto 是指列的数目由其他属性决定，如 column-width；＜number＞是直接指定列的数目，取值为大于 0 的整数，决定了多列的最大列数。

（2）column-gap 列间距属性，用于定义多列布局中列与列之间的距离。语法规则如下：

column-gap:normal|＜length＞;

取值说明：

normal：默认值，有浏览器默认的列间距，一般是 1em。

- ＜length＞：指定列与列之间的距离，有浮点数和单位标识符组成，不可为负值。

（3）column-rule 定义分隔线属性，在多列布局中，用于定义列与列之间的分割线。语法规则如下：

column-rule:[column-rule-width]||[column-rule-style]||[column-rule-color];

取值说明：

- ＜column-rule-width＞：定义分隔线的宽。
- ＜column-rule-style＞：定义分隔线的样式。
- ＜column-rule-color＞：定义分隔线的颜色。

派生子属性：

- column-rule-width 子属性：定义分割线宽，为任意包含单位的长度，不可为负值。
- column-rule-style 子属性：定义分隔线样式，取值范围与 border-style 相同，包括，none、dotted、dashed、solid、double、groove、ridge、inset、outset、inherit。
- column-rule-color 子属性：定义分隔线的颜色，为任意用于 CSS 的颜色值，也包括透明颜色。

（4）column-span 横跨列属性，在多列布局中，用于定义元素跨列显示。语法规则如下：

column-span:1|all;

- 取值说明：1 是默认值，元素在一列汇总显示；all 是元素横跨所有列显示。

代码 6-22　多列布局

```
＜!DOCTYPEHTML＞
＜html＞
＜head＞
```

```
<meta charset = "utf - 8">
<title>代码 6-22 多列布局</title>
<style type = "text/css">
div{
        border:1px solid #f90;
        padding:10px;
        margin-top:10px;
        }
h1 {font-size:24px;margin:0;padding:5px 10px;background-color:#CCC;}
h2 {font-size:14px;text-align:center;}
p {text-indent:2em;font-size:12px;line-height:20px;}
#div1{
        -webkit-column-count:3;                    /*指定列的数目*/
        -moz-column-count:3;                       /*指定列的数目*/
        column-count:3;                            /*指定列的数目*/
        }
#div2{
        -webkit-column-count:3;                    /*指定列的数目*/
        -moz-column-count:3;                       /*指定列的数目*/
        column-count:3;                            /*指定列的数目*/
        -webkit-column-gap:3em;                    /*指定列间距为 3em*/
        -moz-column-gap:3em;                       /*指定列间距为 3em*/
        column-gap:3em;                            /*指定列间距为 3em*/
        }
#div3{
        -webkit-column-count:3;                    /*指定列的数目*/
        -moz-column-count:3;                       /*指定列的数目*/
        column-count:3;                            /*指定列的数目*/
        -webkit-column-rule:1px dashed #666;       /*设置分割线*/
        -moz-column-rule:1px dashed #666;          /*设置分割线*/
        column-rule:1px dashed #666;               /*设置分割线*/
        }
#div4{
        -webkit-column-count:3;                    /*指定列的数目*/
        -moz-column-count:3;                       /*指定列的数目*/
        column-count:3;                            /*指定列的数目*/
        -webkit-column-rule:1px solid #666;        /*设置分割线*/
        -moz-column-rule:1px solid #666;           /*设置分割线*/
        column-rule:1px solid #666;                /*设置分割线*/
        }
```

```
#div4 h1,#div4 h2{
        -webkit-column-span:all;            /* 设置分割线 */
        -moz-column-span:all;               /* 设置分割线 */
        column-span:all;                    /* 设置分割线 */
        }
#div5{
        -webkit-column-count:3;             /* 指定列的数目 */
        -moz-column-count:3;                /* 指定列的数目 */
        column-count:3;                     /* 指定列的数目 */
        }
#div5 h1{
        -webkit-column-span:all;            /* 设置横跨所有列显示 */
        -moz-column-span:all;               /* 设置横跨所有列显示 */
        column-span:all;                    /* 设置横跨所有列显示 */
        font-size:24px;
        margin:0;
        padding:5px 10px;
        background-color:#e4e4e4;
        text-align:center;
        }
#div5 h2{
        font-size:14px;
        text-align:center;
        }
.first:first-letter {
        font-size:24px;                     /* 突出第一个字 */
        font-weight:bold;
}
.b{
        font-weight:bold;
}
#div6{
        width:100px;
        height:100px;
        margin-left:150px;
}
</style>
</head>
<body>
<div id = "div1">
```

```
<h1>columns 多列属性</h1>
<h2>columns 多列属性</h2>
<p>在 CSS2 时代,对于多列布局的设计,大多采用浮动布局和绝对定位布局两种方式。
浮动布局比较灵活,但是需要编写大量的附加样式代码,而且在网页缩放等操作下容易发生错
位,影响网页整体效果。绝对定位方式要精确到标签的位置,但固定标签位置的方式无法满足
标签的自适应能力,也影响文档流的联动。</p>
</div>
<div id = "div2">
<h1>column-gap 列间距属性</h1>
<h2>column-gap 列间距属性</h2>
<p>在 CSS2 时代,对于多列布局的设计,大多采用浮动布局和绝对定位布局两种方式。
浮动布局比较灵活,但是需要编写大量的附加样式代码,而且在网页缩放等操作下容易发生错
位,影响网页整体效果。绝对定位方式要精确到标签的位置,但固定标签位置的方式无法满足
标签的自适应能力,也影响文档流的联动。</p>
</div>
<div id = "div3">
<h1>column-rule 定义分隔线属性</h1>
<h2>column-rule 定义分隔线属性</h2>
<p>在 CSS2 时代,对于多列布局的设计,大多采用浮动布局和绝对定位布局两种方式。
浮动布局比较灵活,但是需要编写大量的附加样式代码,而且在网页缩放等操作下容易发生错
位,影响网页整体效果。绝对定位方式要精确到标签的位置,但固定标签位置的方式无法满足
标签的自适应能力,也影响文档流的联动。</p>
</div>
<div id = "div4">
<h1>column-span 横跨列属性</h1>
<h2>column-span 横跨列属性</h2>
<p>在 CSS2 时代,对于多列布局的设计,大多采用浮动布局和绝对定位布局两种方式。
浮动布局比较灵活,但是需要编写大量的附加样式代码,而且在网页缩放等操作下容易发生错
位,影响网页整体效果。绝对定位方式要精确到标签的位置,但固定标签位置的方式无法满足
标签的自适应能力,也影响文档流的联动。</p>
</div>
<div id = "div5">
<h1>多列布局 - 插入图片</h1>
<h2>多列布局 - 插入图片</h2>
<p class = "first">在 CSS2 时代,对于多列布局的设计,大多采用浮动布局和绝对定
位布局两种方式。
<div id = "div6"><img src = "pic.jpg"  width = "100"  height = "100"/></div>
浮动布局比较灵活,但是需要编写大量的附加样式代码,而且在网页缩放等操作下容易发
生错位,影响网页整体效果。</p>
<p class = "b">多列布局</p>
```

<p>绝对定位方式要精确到标签的位置,但固定标签位置的方式无法满足标签的自适应能力,也影响文档流的联动。</p>
</div>
</body>
</html>

图 6-23　多列布局显示效果

2. 灵活的盒布局

为了解决传统布局中的不足,CSS3 新增了新型的盒布局。开启盒布局的方法是把 display 属性值设置为 box 或 inline-box。为了能兼容 webkit 内核和 gecko 内核的浏览器,可分别使用-webkit-box 和-moz-box 属性。开启盒布局后,文档就会按照盒布局默认的方式来布局子元素。

下面以三栏信息结构页面为例,从左至右排列三个栏目:导航栏、信息栏和热点栏。传统的实现方式会使用浮动布局方式,现在用盒布局的方式来实现三个栏目的横向排列。

代码 6-23　三栏信息页

```
<!DOCTYPE HTML>
<html>
<head>
<meta charset = "utf - 8">
<title>代码 6-23 三栏信息页</title>
<style type = "text/css">
.container {
        /* 开启盒布局 */
        display:-webkit-box;                    /* 兼容 webkit 内核 */
        display:-moz-box;                       /* 兼容 gecko 内核 */
        display:box;                            /* 定义为盒子显示 */
}
.container div {
        color:#FFF;
        font-size:12px;
        padding:10px;
        line-height:20px;
```

```
        }
        .container div ul {
                margin:0;
                padding-left:20px;
        }
        .container .left-aside {
                background-color:#F63;
        }
        .container .center-content {
                background-color:#390;
                width:200px;
        }
        .container .right-aside {
                background-color:#039;
        }
</style>
<body>
<div class = "container">
    <div class = "left-aside">
        <h2>导航</h2>
        <ul>
            <li>HTML5</li>
            <li>CSS3</li>
            <li>灵活的盒布局</li>
        </ul>
    </div>
    <div class = "center-content">
        <h2>信息</h2>
        <p>为了解决传统布局中的不足,CSS3 新增了新型的盒布局。开启盒布局的方
法是把 display 属性值设置为 box 或 inline-box。</p>
        <p>开启盒布局后,文档就会按照盒布局默认的方式来布局子元素。</p>
    </div>
    <div class = "right-aside">
        <h2>热点</h2>
        <ul>
            <li>box-orient 属性</li>
            <li>box-direction 属性</li>
        </ul>
    </div>
</div>
</body>
</html>
```

图 6-24　三栏信息页显示效果

盒布局包含多方面内容，开启盒布局仅是第一步。

（1）元素的布局方向——box-orient 属性：CSS3 新增的 box-orient 属性，可用于定义盒元素的内部布局方向。语法如下：

box-orient:horizontal│vertical│inline-axis│block-axis│inherit

表 6-6　box-orient 属性取值说明

取值	说明
horizontal	表示盒元素在一条水平线上从左到右编排它的子元素
vertical	表示盒元素在一条垂直线上从上到下编排它的子元素
inline-axis	默认值，表示盒元素沿着内联轴编排它的子元素，表现为横向编排
block-axis	表示元素沿着块轴编排它的子元素，表现为垂直编排
inherit	表示继承父元素中 box-orient 属性的值

基于代码 6-23 三栏信息页，竖向显示三个栏目，代码片段：

```
<style type = "text/css">
.container {
    display:-webkit-box;                /* 兼容 webkit 内核 */
    display:-moz-box;                   /* 兼容 gecko 内核 */
    display:box;                        /* 定义为盒子显示 */
    /* 布局方向设置为竖直方向 */
    -webkit-box-orient:vertical;        /* 兼容 webkit 内核 */
    -moz-box-orient:vertical;           /* 兼容 gecko 内核 */
    box-orient:vertical;                /* 定义为竖向编排显示 */
}
.container div {
    color:#FFF;
    font-size:12px;
    padding:10px;
    line-height:20px;
}
```

```
.container div ul {
    margin:0;
    padding-left:20px;
}
.container .left-aside {
    background-color:#F63;
}
.container .center-content {          /*去除了宽度设置*/
    background-color:#390;
}
.container .right-aside {
    background-color:#039;
}
</style>
```

（2）元素的布局顺序——box-direction 属性：在盒布局下，可以设置盒元素内部的顺序为正向或者反向。语法如下：

box-direction:normal|reverse|inherit;

表 6-7　box-direction 属性取值说明

取值	说明
normal	默认值，正常顺序。垂直布局的盒元素中，内部子元素从左到右排列显示；水平布局的盒元素中，内部子元素从上到下排列显示
reverse	反向。表示盒元素内部的子元素的排列显示顺序与 normal 相反
inherit	表示继承父元素中 box-direction 属性的值

基于代码 6-23 三栏信息页，反向显示三个栏目，代码片段：

```
<style type="text/css">
.container {
    display:-webkit-box;
    display:-moz-box;
    display:box;
    -webkit-box-orient:horizontal;
    -moz-box-orient:horizontal;
    box-orient:horizontal;
    /*布局顺序属性设置为反向*/
    -webkit-box-direction:reverse;          /*兼容 webkit 内核*/
    -moz-box-direction:reverse;             /*兼容 gecko 内核*/
    box-direction:reverse;                  /*定义为反向顺序*/
}
```

```
.container div {
    color:#FFF;
    font-size:12px;
    padding:10px;
    line-height:20px;
}
.container div ul {
    margin:0;
    padding-left:20px;
}
.container .left-aside {
    background-color:#F63;
}
.container .center-content {
    background-color:#390;
    width:200px;
}
.container .right-aside {
    background-color:#039;
}
</style>
```

（3）调整元素的位置——box-ordinal-group 属性：用于定义盒元素内部的子元素的显示位置。语法如下：

```
box-ordinal-group:<integer>;
```

取值说明：<integer>是一个自然整数，从 1 开始，表示子元素的显示位置。子元素将根据这个值重新排序，值相等的，将取决于源代码的顺序。子元素的默认值均为 1，按照源代码的位置顺序进行排列。

基于代码 6-23 三栏信息页，调整元素显示的位置，代码片段：

```
<style type = "text/css">
.container {
    display:-webkit-box;
    display:-moz-box;
    display:box;
    /* 定义为横向编排显示 */
    -webkit-box-orient:horizontal;        /* 兼容 webkit 内核 */
    -moz-box-orient:horizontal;           /* 兼容 gecko 内核 */
    box-orient:horizontal;                /* 标准用法 */
}
.container div {
    color:#FFF;
```

```
        font-size:12px;
        padding:10px;
        line-height:20px;
    }
    .container div ul {
        margin:0;
        padding-left:20px;
    }
    .container .left-aside {
        background-color:#F63;
        /*设置菜单栏的位置为 2*/
        -webkit-box-ordinal-group:2;              /*兼容 webkit 内核*/
        -moz-box-ordinal-group:2;                 /*兼容 gecko 内核*/
        box-ordinal-group:2;                      /*标准用法*/
    }
    .container .center-content {
        background-color:#390;
        width:200px;
    }
    .container .right-aside {
        background-color:#039;
        /*设置工具栏的位置为 3*/
        -webkit-box-ordinal-group:3;              /*兼容 webkit 内核*/
        -moz-box-ordinal-group:3;                 /*兼容 gecko 内核*/
        box-ordinal-group:3;                      /*标准用法*/
    }
</style>
```

（4）弹性空间分配——box-flex 属性：用于定义盒元素内部的子元素是否具有空间弹性。当盒元素的尺寸缩小（或扩大）时，被定义为有空间弹性的子元素的尺寸也会缩小（或扩大）。每当盒元素有额外的空间时，具有空间弹性的子元素，会扩大自身大小来填补这一空间。语法如下：

box-flex:<value>;

取值说明：<value>：该属性值是一个整数或者小数，不可为负值，默认值为 0.0。使用空间弹性属性设置，使得盒元素的内部元素的总宽和总高，始终等于盒元素的宽与高。只有当盒元素具有确定的宽或高时，才能表现出子元素的空间弹性。

基于代码 6-23 三栏信息页，具有空间弹性的导航栏，代码片段：

```
<style type = "text/css">
    .container {
        width:100%;                               /*设置盒元素的宽度为 100%*/
```

```
        background-color:#CCC;
        display:-webkit-box;
        display:-moz-box;
        display:box;
    }
    .container div {
        color:#FFF;
        font-size:12px;
        padding:10px;
        line-height:20px;
        width:100px;                        /*设置三个栏目的固定宽度 100px */
    }
    .container div ul {
        margin:0;
        padding-left:20px;
    }
    .container .left-aside {
        background-color:#F63;
        /*设置菜单栏具有空间弹性 */
        -webkit-box-flex:1;                 /*兼容 webkit 内核 */
        -moz-box-flex:1;                    /*兼容 gecko 内核 */
        box-flex:1;                         /*标准用法 */
    }
    .container .center-content {
        background-color:#390;
    }
    .container .right-aside {
        background-color:#039;
    }
</style>
```

当盒元素内部的多个子元素都定义 box-flex 属性时，子元素的空间弹性是相对的。浏览器将会把各个子元素的 box-flex 属性值相加得到一个总值，然后根据各自的值占总值的比例来分配盒元素的剩余空间。

（5）元素的对其方式——box-pack 和 box-align 属性：分别用于定义盒元素内部水平对齐方式和垂直对齐方式。这种对齐方式，对盒元素内部的文字、图像及子元素都是有效的。语法如下：

```
box-pack:start|end|center|justify;
box-align:start|end|center|baseline|stretch;
```

表 6-8　box-pack 属性取值说明

取值	说明
start	默认值，表示所有的子元素都显示在盒元素的左侧，额外的空间显示在盒元素右侧
end	表示所有的子元素都显示在盒元素的右侧，额外的空间显示在盒元素左侧
center	表示所有的子元素居中显示，额外的空间平均分配在两侧
justify	表示所有的子元素散开显示，额外的空间在子元素之间平均分配，在第一个子元素之前和最后一个子元素之后不分配空间

表 6-9　box-align 属性取值说明

取值	说明
start	表示所有的子元素都显示在盒元素的顶部，额外的空间显示在盒元素底部
end	表示所有的子元素都显示在盒元素的底部，额外的空间显示在盒元素顶部
center	表示所有的子元素垂直居中显示，额外的空间平均分配在盒元素的上下两侧
baseline	表示所有的子元素沿着基线显示
stretch	默认值，表示每个子元素的高度被拉伸到适合的盒元素高度

　　box-pack 属性和 box-align 属性仅在盒布局模式下使用。在传统的对齐方式中，有 text-align 属性和 vertical-align 属性分别定义元素内的水平方向对齐和垂直方向对齐，但不宜用于盒布局。

代码 6-24　自适应居中登录框

```
<!DOCTYPE HTML>
<html>
<head>
<meta charset = "utf - 8">
<title>代码 6-自适应居中登录框</title>
<style type = "text/css">
body,html {
    margin:0;
    padding:0;
    height:100 % ;
}
#box {
    width:100 % ;
    height:100 % ;
    background:url(sky. jpg)no-repeat 0 0;
    background-size:100 % 100 % ;
```

```
    /＊开启盒布局＊/
    display:-webkit-box;
    display:-moz-box;
    display:box;
    /＊水平居中＊/
    -webkit-box-pack:center;
    -moz-box-pack:center;
    box-pack:center;
    /＊垂直居中＊/
    -webkit-box-align:center;
    -moz-box-align:center;
    box-align:center;
}
#box div {
    opacity:0.8;
}
</style>
<body>
<div id = "box">
    <div><img src = "login. png"/></div>
</div>
</body>
</html>
```

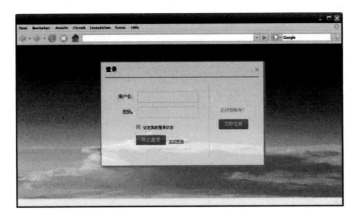

图 6-25　自适应居中登录框显示效果

代码 6-25　图片底部对齐

```
<!DOCTYPE HTML>
<html>
<head>
<meta charset = "utf - 8">
```

```
<title>代码 6-图片底部对齐</title>
<style type = "text/css">
#box {
      width:1000px;
      height:200px;
      padding:10px;
      border:1px solid #06F;
      /* 开启盒布局 */
      display:-webkit-box;
      display:-moz-box;
      display:box;
      /* 左边对齐 */
      -webkit-box-pack:start;
      -moz-box-pack:start;
      box-pack:start;
      /* 底部对齐 */
      -webkit-box-align:end;
      -moz-box-align:end;
      box-align:end;
}
#box div {
      padding:5px;
      border:1px solid #ccc;
      margin:1px;
}
#box div img {
      width:200px;
}
</style>
<body>
<div id = "box">
    <div><img src = "images/pic01.jpg"/></div>
    <div><img src = "images/pic02.jpg"/></div>
    <div><img src = "images/pic03.jpg"/></div>
    <div><img src = "images/pic04.jpg"/></div>
</div>
</body>
</html>
```

图 6-26　图片底部对齐显示效果

box-pack 属性和 box-align 属性的对齐方式的效果，还会受到 box-orient 属性和 box-direction 属性的影响。当 box-orient 属性设置为垂直方向时，box-pack 属性将控制垂直方向，box-align 属性将控制水平方向；当 box-direction 属性设置为反向时，对齐方式的属性值 start 和 end 将互换效果。

6.4　CSS3 动画设计

传统网页动画设计主要借助 Flash 或 JavaScript 来实现，CSS3 提供了直接使用 CSS 实现动画的方案，本节主要讲解 CSS3 实现 2D 动画。

6.4.1　CSS3 2D 转换

CSS3 新增 transform 属性，可用于元素变形，让某个元素改变形状、大小和位置等。transform 属性语法如下：

transform:none|＜transform-functions＞;

取值说明：

- none 默认值，不设置元素变形。

- ＜transform-functions＞：设置一个或多个变形函数。变形函数包括旋转 rotate()、缩放 scale()、移动 translate()、倾斜 skew()、矩阵变形 matrix 等。设置多个变形函数时，用空格间隔。

1. translate( ) 元素变形

translate() 方法，根据左（X轴）和顶部（Y轴）位置给定的参数，从当前元素位置移动。可参考如下代码片段理解：

```
div{
transform:translate(50px,100px);
-ms-transform:translate(50px,100px);     /＊IE 9＊/
-webkit-transform:translate(50px,100px);/＊Safari and Chrome＊/
}
```

translate 值（50px，100px）是从左边元素移动 50 个像素，并从顶部移动 100 像素。

2. rotate( ) 元素旋转

rotate() 方法，在一个给定度数顺时针旋转的元素。负值是允许的，这样是元素逆时针旋转。

代码 **6-26**　元素旋转

```html
<!DOCTYPE html>
<html>
<head>
<style>
body
{
margin:30px;
background-color:#E9E9E9;
}
div.polaroid
{
width:294px;
padding:10px 10px 20px 10px;
border:1px solid #BFBFBF;
background-color:white;
/* Add box-shadow */
box-shadow:2px 2px 3px #aaaaaa;
}
div.rotate_left
{
float:left;
-ms-transform:rotate(7deg);/* IE 9 */
-webkit-transform:rotate(7deg);/* Safari and Chrome */
transform:rotate(7deg);
}
div.rotate_right
{
float:left;
-ms-transform:rotate(-8deg);/* IE 9 */
-webkit-transform:rotate(-8deg);/* Safari and Chrome */
transform:rotate(-8deg);
}
</style>
</head>
<body>
<div class = "polaroid rotate_left">
<img src = "pic1.jpg"  alt = ""  width = "284"  height = "213">
<p class = "caption">校园风景 1</p>
</div>
```

```
<div class = "polaroid rotate_right">
<img src = "pic2. jpg"　alt = ""　width = "284"　height = "213">
<p class = "caption">校园风景 2</p>
</div>
</body>
</html>
```

图 6-27　元素旋转显示效果

3. scale( ) 元素缩放

scale( ) 方法，该元素增加或减少的大小，取决于宽度（X 轴）和高度（Y 轴）的参数。可参考如下代码片段理解：

```
…
<style type = "text/css">
ul {
        margin-top:30px;
        list-style:none;
        line-height:25px;
        font-family:Arial;
        font-weight:bold;
}
li {
        width:120px;
        float:left;
        margin:2px;
        border:1px solid #ccc;
        background-color:#e4e4e4;
        text-align:left;
}
li:hover{
        background-color:#999;                    /＊深灰色＊/
}
```

```
a{
        display:block;
        padding:5px 10px;
        color:#333;
        text-decoration:none;
}
a:hover{
        background-color:#f90;
        color:#FFF;
        /*变形方式:缩放*/
        -webkit-transform:scale(0.8,-1.5);  /*兼容 webkit 内核*/
        -moz-transform:scale(0.8,-1.5);    /*兼容 gecko 内核*/
        -o-transform:scale(0.8,-1.5);      /*兼容 presto 内核*/
        -ms-transform:scale(0.8,-1.5);     /*兼容 IE9*/
        transform:scale(0.8,-1.5);         /*标准写法*/
}
</style>
</head>
<body>
<ul>
    <li><a href="#">HTML5</a></li>
    <li><a href="#">CSS3</a></li>
    <li><a href="#">jQuery</a></li>
    <li><a href="#">Ajax</a></li>
</ul>
..
```

鼠标滑过时菜单会旋转一定角度。

4. skew() 元素倾斜

skew() 方法，该元素会根据横向（X 轴）和垂直（Y 轴）线参数给定角度。可参考如下代码片段理解：

```
div{
transform:skew(30deg,20deg);
-ms-transform:skew(30deg,20deg);      /*IE 9*/
-webkit-transform:skew(30deg,20deg);/*Safari and Chrome*/
}
```

skew(30deg, 20deg) 是绕 X 轴和 Y 轴周围 20 度 30 度的元素。

5. matrix() 元素综合变换

matrix() 方法和 2D 变换方法合并成一个。matrix 方法有六个参数，包含旋转，缩放，移动（平移）和倾斜功能。可参考如下代码片段理解：

代码 6-27　综合变换

```
＜!DOCTYPEHTML＞
＜html＞
＜head＞
＜meta charset = "utf－8"＞
＜title＞代码 6-27 综合变换＜/title＞
＜style type = "text/css"＞
ul {
        margin-top:30px;
        list-style:none;
        line-height:25px;
        font-family:Arial;
        font-weight:bold;
}
li {
        width:120px;
        float:left;
        margin:2px;
        border:1px solid #ccc;
        background-color:#e4e4e4;
        text-align:left;
}
li:hover {
        background-color:#999;                    /*深灰色*/
}
a {
        display:block;
        padding:5px 10px;
        color:#333;
        text-decoration:none;
}
a:hover {
        background-color:#f90;
        color:#FFF;
        /*变形方式:倾斜*/
        -webkit-transform:matrix(0.866,0.5,0.5,－0.866,10,10);/*兼容 webkit 内核*/
        -moz-transform:matrix(0.866,0.5,0.5,－0.866,10,10);    /*兼容 gecko 内核*/
        -o-transform:matrix(0.866,0.5,0.5,－0.866,10,10);      /*兼容 presto 内核*/
        -ms-transform:matrix(0.866,0.5,0.5,－0.866,10,10);     /*兼容 IE9*/
        transform:matrix(0.866,0.5,0.5,－0.866,10,10);     /*标准写法*/
}
```

```
</style>
</head>
<body>
<ul>
    <li><a href = " # ">HTML5</a></li>
    <li><a href = " # ">CSS3</a></li>
    <li><a href = " # ">jQuery</a></li>
    <li><a href = " # ">Ajax</a></li>
</ul>
</body>
</html>
```

图 6-28　综合变换显示效果

鼠标滑过菜单是，菜单会变形，变形的效果包括了旋转、移动和缩放等。

6. 定义变形原点 transform-origin 属性

transform-origin 属性允许更改转换元素的位置。2D 转换元素可以改变元素的 X 和 Y 轴。3D 转换元素，还可以更改元素的 Z 轴。注意，使用此属性必须先使用 transform 属性。

语法规则如下：

transform-origin:<x-axis><y-axis>;

取值说明：

• <x-axis>：定义变形原点的横坐标位置，默认值为 50%，取值包括 left、center、right、百分之、长度值。

• <y-axis>：定义变形原点的纵坐标位置，默认值为 50%，取值包括 top、middle、bottom、百分比值、长度值。

可参考如下代码片段理解：

```
...
<style>
#div1
{
position:relative;
height:200px;
width:200px;
margin:100px;
padding:10px;
```

```
border:1px solid black;
}
#div2
{
padding:50px;
position:absolute;
border:1px solid black;
background-color:red;
transform:rotate(45deg);
transform-origin:20% 40%;
-ms-transform:rotate(45deg);/* IE 9 */
-ms-transform-origin:20% 40%;/* IE 9 */
-webkit-transform:rotate(45deg);/* Safari and Chrome */
-webkit-transform-origin:20% 40%;/* Safari and Chrome */
}
</style>
</head>
<body>
<div id="div1">
    <div id="div2">HELLO</div>
</div>
...
```

6.4.2　CSS3 过渡效果

CSS3 新增 transition 属性，可以实现元素变换过程中的过渡效果，可以实现基本动画。与元素变身属性一起使用可以呈现变形过程。

transition 属性用于定义元变形过程中的过渡效果语法如下：

transition:transition-property‖transition-duration‖transition-timing-function‖transition-delay;

取值说明：

- transition-property：定义用于过渡的属性。
- transition-duration：定义过渡过程需要的时间。
- transition-timing-function：定义过渡方式。
- transition-delay：定义开始过渡的延迟时间。

transition 属性定义一组过渡效果，需要上面 4 个参数，transition 属性可以同时定义两组或两组以上的过渡效果，每组用逗号隔开。

1. transition-property 用于过渡的属性

语法规则如下：

transition-property:none|all|<property>;

取值说明：none，表示没有任何 CSS 属性有过渡效果；all 为默认值，表示所有的 CSS 属性都有过渡效果；<property>可以指定一个用逗号分隔的多个属性，针对指定的这些属性有过渡效果。

2. transition-duration 过渡过程需要的时间属性

语法规则如下：

transition-duration:time ;

取值说明：<time>指定一个用逗号分隔多个时间值，时间的单位可以是 s（秒）或 ms（毫秒）。默认情况下为 0，即看不到过渡效果，看到的直接是结果。

3. transition-timing-function 过渡方式属性

语法规则如下：

transition-timing-function:ease│linear│ease-in│ease-out│ease-in-out│cubic-bezier(n, n,n,n);

取值说明：

linear：表示过渡一直是一个速度，相当于 cubic-bezier（0，0，1，1）。

ease：属性的默认值，表示过渡的速度先慢、再快、最后非常慢，相当于 cubic-bezier（0.25，0.1，0.25，1）。

ease-in：表示过渡的速度先慢、后越来越快，直至结束，相当于 cubic-bezier（0.42，0，1，1）。

ease-out：表示过渡的速度先快、后越来越慢，直至结束，相当于 cubic-bezier（0，0，0.58，1）。

ease-in-out：表示过渡的速度在开始和结束时，都很慢，相当于 cubic-bezier（0.42，0，0.58，1）。

cubic-bezier（n，n，n，n）：自定义贝塞尔曲线效果，其中的 4 个参数为从 0 到 1 的数字。

4. transition-delay 延迟时间属性

语法规则如下：

transition-duration:<time>;

取值说明：<time>指定一个用逗号分隔的多个时间值，时间的单位可以是 s（秒）或 ms（毫秒）。默认情况下为 0，即没有时间延迟，立即开始过渡效果。时间可以为负值，但过渡的效果会从该时间点开始，之前的过渡效果将被截断。

代码 6-28　活动菜单

```
<!DOCTYPEHTML>
<html>
<head>
<meta charset = "utf - 8">
<title>代码 6-28 活动菜单</title>
<style type = "text/css">
.box {
    margin:0;
    padding:0;
```

```
        font-size:12px;
        list-style:none;
        width:120px;
        float:left;
    }
    li {
        width:80px;
        line-height:20px;
        height:20px;
        margin:1px;
        background-color:#ccc;
        text-align:left;
        border-radius:0 10px 10px 0;
        border-left:3px solid #333;
        /*鼠标离开时的过渡效果*/
        -webkit-transition:all 1s ease-out;
        -moz-transition:all 1s ease-out;
        -o-transition:all 1s ease-out;
        transition:all 1s ease-out;
    }
    li a {
        display:block;
        text-decoration:none;
        font-size:12px;
        padding-left:5px;
        font-family:Arial;
        font-weight:bold;
        color:#666;
    }
    li:hover {
        background-color:#f90;
        width:100px;
        /*鼠标经过时的过渡效果*/
        -webkit-transition:all 200ms linear;
        -moz-transition:all 200ms linear;
        -o-transition:all 200ms linear;
        transition:all 200ms linear;
    }
    li:hover a {
        color:#FFF;
```

```
    }
</style>
</head>
<body>
<ul class = "box">
    <li><a href = " # ">HTML5</a></li>
    <li><a href = " # ">CSS3</a></li>
    <li><a href = " # ">jQuery</a></li>
    <li><a href = " # ">Ajax</a></li>
    <li><a href = " # ">HTML5</a></li>
    <li><a href = " # ">CSS3</a></li>
    <li><a href = " # ">jQuery</a></li>
    <li><a href = " # ">Ajax</a></li>
</ul>
<ul class = "box">
    <li><a href = " # ">HTML5</a></li>
    <li><a href = " # ">CSS3</a></li>
    <li><a href = " # ">jQuery</a></li>
    <li><a href = " # ">Ajax</a></li>
    <li><a href = " # ">HTML5</a></li>
    <li><a href = " # ">CSS3</a></li>
</ul>
<ul class = "box">
    <li><a href = " # ">HTML5</a></li>
    <li><a href = " # ">CSS3</a></li>
    <li><a href = " # ">jQuery</a></li>
    <li><a href = " # ">Ajax</a></li>
</ul>
</body>
</html>
```

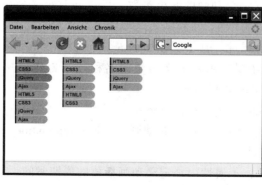

图 6-29 活动菜单显示效果

6.4.3　CSS3 动画设计

CSS3 可以通过创建动画关键帧，设置关键帧动画的播放时间、播放次数、播放方向等，实现更为复杂、灵活的动画效果。

1. 关键帧动画@keyframes 规则

@keyframes 规则语法如下：

@keyframes＜animationname＞{＜keyframes-selectior＞{＜css-styles＞}}

取值说明：

• ＜animationname＞：动画的名称。必须定义一个动画的名称，方便与动画属性 animation 绑定。

• ＜keyframes-selectior＞：动画持续时间的百分比，也可以是 from 和 to。form 对应是 0%，to 对应的是 100%，建议使用百分比。必须定义一个，才能实现动画。

• ＜css-styles＞：设置一个或多个合法的样式属性。必须定义一些样式，才能实现动画。

动画是通过一种样式逐部转变到另一种样式来创建的。在指定 CSS 样式变化时，可以从 0% 到 100%，逐部设计样式表的变化。

2. 实现动画的 animation 属性

CSS3 提供的 animation 属性，是专门用于动画设计的，它可以把一个或多个关键帧动画绑定在元素上，以实现复杂动画。

animation 属性用于同时定义动画所需要的完整信息，语法规则如下：

animation:＜name＞＜duration＞＜timing-function＞＜delay＞＜iteration-count＞＜direction＞;

取值说明：

• ＜name＞：定义动画的名称，绑定指定的关键帧动画。

• ＜duration＞：定义动画播放的周期时间。

• ＜timing-function＞定义动画的播放方式，即速度曲线。

• ＜delay＞：定义动画的延迟时间。

• ＜iteration-count＞：定义动画应该播放的次数。

• ＜direction＞定义动画播放的顺序方向。

• animation 属性定义一个动画的 6 个参数，可以同时定义多个动画，每个动画的参数为一组，用逗号隔开。

animation 属性是复合属性，其子属性如下：

• animation-name：子属性用来定义动画的名称，该名称是一个动画关键帧名称，由@keyframes 规则定义。语法规则如下：

animation-name:＜keyframename＞|none;

取值说明：none 为默认值，表示没有动画。＜keyframename＞可以指定动画名称，即指定名称对应的动画关键帧。

• animation-duration：子属性用来定义动画播放的周期时间。语法规则如下：

animation-duration:＜time＞;

取值说明：＜time＞用于指定播放动画的时间长度，单位 m（秒）或 ms（毫秒）。默认值为 0，没有动画。

- animation-timing-function：子属性用来定义动画的播放方式。语法规则如下：

animation-timing-function：ease｜linear｜ease-in｜ease-out｜ease-in-out｜cubic-bezier(n,n,n,n)；

以上取值可参见 transition-timing-function 属性的取值说明。

- animation-delay：子属性用来定义动画播放的延迟时间，可以定义一个动画延迟一段时间在开始播放。语法规则如下：

animation-delay：＜time＞；

取值说明：＜time＞用于指定播放动画的时间长度，单位为 m（秒）或 ms（毫秒）。默认值为 0，表示无延迟，直接播放动画。

- animation-iteration-count：子属性用来定义动画循环播放的次数。语法规则如下：

animation-iteration-count：infinite｜＜n＞；

取值说明：infinite 表示无限次的播放。＜n＞可以设定循环播放次数，值为数字。默认值为 1，表示动画播放 1 次。

- animation-direction：子属性用来定义动画循环播放的方向。语法规则如下：

animation-direction：normal｜alternate ；

取值说明：normal 为默认值，表示按照关键帧设定的动画播放方向。alternate 表示动画的播放方向与上　播放周期相反，第　播放周期还是正常的播放方向。

代码 6-29　帧动画

```
＜!DOCTYPEHTML＞
＜html＞
＜head＞
＜meta charset = "utf - 8"＞
＜title＞代码 6-29 帧动画＜/title＞
＜style type = "text/css"＞
.pinwheel {
    width:140px;
    height:140px;
    -webkit-transform-origin:69px 73px;          /* 指定风车扇叶变形的中心原点 */
    -webkit-animation-name:keyname;              /* 绑定关键帧动画 */
    -webkit-animation-duration:2s;               /* 动画播放周期 2s */
    -webkit-animation-iteration-count:infinite;  /* 动画无限制循环 */
    -webkit-animation-timing-function:linear;    /* 线性的变化速度 */
}
.pinwheel span{
    width:100px;
    height:50px;
    display:block;
    opacity:0.6;
```

```css
        position:relative;
        border-radius:25px;
    }
    .pinwheel .one{
        background-color:#f00;
        -webkit-transform:skew(30deg);
        top:48px;
        left:38px;
    }
    .pinwheel .tow{
        background-color:#00f;
        -webkit-transform:rotate(120deg)skew(30deg);
        top:18px;
        left:5px;
    }
    .pinwheel .three{
        background-color:#060;
        -webkit-transform:rotate(240deg)skew(30deg);
        top:-72px;
        left:5px;
    }
    .pinwheel .point{
        position:relative;
        top:-90px;
        left:45px;
    }
    .tree{
        position:relative;
        top:-78px;
        left:65px;
        border-radius:10px 10px 0 0;
        height:200px;
        width:10px;
        background-color:#999;
        background:-webkit-gradient(linear,left top,right top,from(#ffcc00),to
(#cc0033));
        z-index:-1;
    }
    .tree img{
        width:10px;
```

```
}
@-webkit-keyframes keyname{                    /*关键帧动画 keyname*/
from {
    -webkit-transform:rotate(0);
}
to {
    -webkit-transform:rotate(360deg); /*旋转风车 360deg*/
}
}
</style>
</head>
<body>
<!--风车扇叶-->
<div class = "pinwheel"><span class = "one"></span><span class = "tow">
</span><span class = "three"></span></div>
<!--风车杆-->
<div class = "tree"><img src = "images/point.png"/></div>
</body>
</html>
```

动画实现了一个风车不停旋转的动画，风车的扇叶和风车杆都是使用 CSS 变形原理、圆角和渐变等样式由元素模拟出来的。

6.5　支持多种设备的样式方案

CSS3 新增了 Media Queries 媒体查询模块。允许添加媒体查询表达式，以指定媒体类型及设备特性，可以针对不同的屏幕尺寸设置不同的样式。

6.5.1　媒体查询

1.@media 规则

@media 规则是包含有查询表达式的媒体样式定义规则。语法如下：

@media<media_query>{<css_styles>}
<media_query>:[only|not]? <media_type>[and <expression>] *
<expression>:(<media_feature>[:<value>]?)
<media_type>:all|aural|braille|handheld|print|projection|screen|tty|tv|embossed
<media_feature>:width|min-width|max-width|height|min-height|max-height
max-height
|device-width|min-device-width|max-device-width
|device-height|min-device-height|max-device-height
|device-aspect-ratio|min-device-aspect-ratio|max-device-aspect-ratio

```
|color|min-color|max-color
|color-index|min-color-index|max-color-index
|monochrome|min-monochrome|max-monochrome
|resolution|min-resolution|max-resolution
|scan|grid
```

取值说明：

- ＜css＿style＞：定义样式表。
- ＜media＿query＞：设置媒体查询关键字，如 and（逻辑与）、not（排除某种设备）、only（限定某种设备）。
- ＜media＿type＞：设置设备类型，语法中提供了 10 中媒体类型，详细说明如表 6-10 所示。
- ＜media＿feature＞：定义媒体特性，该特性放在括号中，如（min-width：960px；）。媒体特性有 13 种，详细如表 6-11 所示。

表 6-10　Media Queries 媒体类型说明

值	说明
all	用于所有设备
aural	已废弃。用于语音和声音合成器
braille	已废弃。应用于盲文触摸式反馈设备
embossed	已废弃。用于打印的盲人印刷设备
handheld	已废弃。用于掌上设备或更小的装置，如 PDA 和小型电话
print	用于打印机和打印预览
projection	已废弃。用于投影设备
screen	用于电脑屏幕，平板电脑，智能手机等
speech	应用于屏幕阅读器等发声设备
tty	已废弃。用于固定的字符网格，如电报、终端设备和对字符有限制的便携设备
tv	已废弃。用于电视和网络电视

表 6-11　Media Queries 媒体特性说明

属性	值	Min/Max	说明
color	整数	yes	每种色彩的字节数
color-index	整数	yes	色彩表中的色彩数
device-aspect-ratio	整数/整数	yes	宽高比例
device-height	length	yes	设备屏幕的输出高度
device-width	length	yes	设备屏幕的输出宽度
grid	整数	no	是否是基于格栅的设备
height	length	yes	渲染界面的高度

续表

属性	值	Min/Max	说明
monochrome	整数	yes	单色帧缓冲器中每像素字节
resolution	分辨率（"dpi/dpcm"）	yes	分辨率
scan	Progressive interlaced	no	tv 媒体类型的扫描方式
width	length	yes	渲染界面的宽度
orientation	Portrait/landscape	no	横屏或竖屏

2. 使用 Media Queries 链接外部样式表文件

链接外部样式表文件时也可以增加媒体查询。

在<link>标签中应用 Media Queries，语法规则如下：

<link rel = "stylesheet" type = "text/css" media = "<media_query>" href = "xxx.css" />

取值说明：<media_query>媒体查询，遵循@media 规则中的媒体查询方式。

可参考如下代码片段理解：

<!-- 默认媒体类型为 all,宽度大于 250px 的执行样式表 xxx.css -->

<link rel = "stylesheet" type = "text/css" href = "xxx.css" media = "(min-width: 250px)" />

<!-- 媒体类型为电脑显示器 screen,宽度大于 250px 小于 300px 的执行样式表 xxx.css -->

<link rel = "stylesheet" type = "text/css" href = "xxx.css" media = "screen and (min-width:200px)and(max-width:300px)" />

<!-- 媒体类型为手持设备 handheld,宽度小于 200px,和媒体类型为电脑显示器 screen,宽度小于 300px 的都执行样式表 xxx.css -->

<link rel = "stylesheet" type = "text/css" href = "xxx.css" media = "handeld and (mix-width:200px),screen and(max-width:300px)" />

<!-- 除了电脑显示器和某颜色之外都执行样式表 xxx.css -->

<link rel = "stylesheet" type = "text/css" href = "xxx.css" media = "not screen and(color)" />

6.5.2　自适应屏幕的样式方案

使用媒体查询可以感知屏幕尺寸，以实现不同尺寸的屏幕设计不同的样式布局。

代码 6-30　简单自适应网页

<!DOCTYPE html>

<html>

<head>

<meta charset = "utf-8">

<title>代码 6-30 简单自适应网页</title>

<meta name = "viewport"content = "width = device-width,initial-scale = 1.0">

```css
<style type = "text/css"　media = "screen,projection">
body {
      line-height:1;
      color:#333;
}
ol,ul,h1 {
      margin:0;
      padding:0;
      list-style:none;
}
a {
      color:#933;
      text-decoration:none;
}
a:hover {
      color:#DF3030;
}
nav h1 {
      text-align:center;
}
nav h1 img {
      width:90%;
}
nav ul {
      border-top:1px solid #999;
}
nav li {
      text-align:center;
      border-bottom:1px solid #ccc;
      line-height:60px;
}
nav li a {
      display:block;
}
nav li a:hover {
      background-color:#e4e4e4;
}
section {
      font-size:14px;
      font-family:"宋体";
```

```
}
section h2 {
    font-size:18px;
    text-align:center;
    font-family:"黑体";
    font-weight:lighter;
}
section span {
    padding:0 10px;
    background-color:#FFF;
}


section li {
    text-align:center;
}
section li img {
    width:98%;
    border-radius:5px;
}
section article {
    border-top:1px solid #999;
    margin-top:20px;
    padding-bottom:20px;
}
.clear {
    clear:both;
    line-height:5px;
}
footer {
    clear:both;border-top:1px solid #999;
    font-size:12px;
    text-align:center;
    padding:10px 0;
    font-family:Arial,Helvetica,sans-serif;
    color:#666;
}
@media(max-width:400px) {
nav li {
float:left;
width:32%;
```

```
  margin-left:1％;
}
section {
 clear:both;
 padding:20px 0;
}
section li {
 margin:10px 2px;
}
 section li span {
 display:block;
 text-align:center;
 font-size:12px;
}
}
 @media(min-width:400px)and(max-width:600px) {
 nav li {
 float:left;
 width:32％;
 margin-left:1％;
}
 section {
  clear:both;
padding:20px 0;
}
section li {
 float:left;
 margin:10px 2px;
 width:48％;
}
 section li span {
 display:block;
 text-align:center;
 font-size:12px;
}
}
 @media(min-width:600px)and(max-width:900px) {
 nav {
  float:left;
  width:35％;
```

```
}
 section {
 float:left;
 width:65%;
 padding:20px 0;
}
section li {
 float:left;
 margin:10px 2px;
 width:48%;
}
 section li span {
 display:block;
 text-align:center;
 font-size:12px;
}
}
@media(min-width:900px) {
 nav h1 {
 float:left;
 width:35%;
 height:200px;
}
 nav ul {
 float:left;
 width:65%;
}
 nav li {
 float:left;
 width:32%;
 margin-left:1%;
}
section {
 float:left;
 width:65%;
 padding:20px 0;
}
section li {
 float:left;
 margin:10px 2px;
```

```
        width:32%;
    }
    section li span {
    display:block;
    text-align:center;
    font-size:12px;
    }
    }
</style>
</head>
<body>
<!-- 包含 logo 的导航栏 -->
<nav>
    <!-- logo -->
    <h1 id = "logo"><a href = "#"><img src = "images/logo.jpg"  alt = "世纪学
院"></a></h1>
    <!-- 导航栏 -->
    <ul>
        <li><a href = "#">网站首页</a></li>
        <li><a href = "#">校园风光</a></li>
        <li><a href = "#">关于我们</a></li>
    </ul>
</nav>
<section>
    <!-- 图片列表 -->
    <article>
        <h2 style = "margin-top:-15px;"><span>校园风光</span></h2>
        <ol>
            <li><a href = "#"><img src = "images/pic1.jpg"alt = ""><span>
图片 1</span></a></li>
            <li><a href = "#"><img src = "images/pic2.jpg"alt = ""><span>
图片 2</span></a></li>
            <li><a href = "#"><img src = "images/pic3.jpg"alt = ""><span>
图片 3</span></a></li>
            <li><a href = "#"><img src = "images/pic4.jpg"alt = ""><span>
图片 4</span></a></li>
            <li><a href = "#"><img src = "images/pic5.jpg"alt = ""><span>
图片 5</span></a></li>
            <li><a href = "#"><img src = "images/pic6.jpg"alt = ""><span>
图片 6</span></a></li>
```

```
            </ol>
            <div class = "clear"></div>
        </article>
        <!-- 页面底部 -->
        <footer>北京邮电大学世纪学院 &copy;2016</footer>
    </section>
    </body>
</html>
```

(a) 屏幕宽度小　　　(b) 屏幕宽度大于600px小　　　(c) 屏幕宽度大于900px
　于400px　　　　　　　于900px

图 6-30　简单自适应网页显示效果

参 考 文 献

[1] 杨习伟.HTML5＋CSS3 网页开发实战精解 [M]. 北京：清华大学出版社.2013.

[2] 朱印宏.CSS 商业网站布局之道 [M]. 北京：清华大学出版社.2007.

[3] 朱印宏，郑艳超.DIV＋CSS 网站布局从入门到精通 [M]. 北京：石油工业出版社.2011.

[4] 龙马.精通 HTML5＋CSS3——100％网页设计与布局密码 [M]. 北京：人民邮电出版社.2014.

[5] [美] 达科特（Jon Duckett）著.Web 设计与前端开发秘籍：HTML CSS JavaScriptjQuery 构建网站 [M]. 刘涛，陈学敏译.北京：清华大学出版社.2015.

[6] 李东博.HTML5＋CSS3 从入门到精通 [M]. 北京：清华大学出版社.2013.

[7] [美] 弗里曼（Adam Freeman）著.HTML5 权威指南 [The Definitive Guide To HTML5] [M]. 谢廷晟，牛化成，刘美英译.北京：人民邮电出版社.2014.

[8] [美] Elizabeth，Castro，Bruce，Hyslop 著.HTML5 与 CSS3 基础教程 [M]. 望以文译.北京：人民邮电出版社.2014.

[9] 刘玉红.网站开发案例课堂：HTML5＋CSS3＋JavaScript 网页设计案例课堂 [M]. 北京：清华大学出版社.2015.

[10] RUNOOB.COM..HTML5/CSS3 教程.网址：http：//www.runoob.com/.

[11] 蓝色理想.网站设计与网络技术支持.网址：http：//www.blueidea.com/.

[12] W3SCHOOL.HTML5/CSS3 教程.网址：http：//www.w3school.com.cn/.